请停止过度焦虑

林奕廷◎著

中国工人出版社

前　言

医生，我这样是病了吗

在精神部的门诊中，常常听到这样紧张的声音：

医生，我每天都很不快乐，一点点小事都会让我呼吸变快、心跳加速，看了心脏科，医生说心脏好得很，却要小心得了“焦虑症”，建议我去看精神科。我怎么了？难道我有神经病吗？为什么要看精神科？

医生，我这两年都睡不好，有时胸闷喘不过气，又常常胃痛，肠胃科医生说我是“自律神经失调”，那怎么办呀？为什么我又要吃精神科医生开的药？自律神经失调是一种神经病吗？

医生，有人说我这样整天没精神，一直很疲倦、提不起劲儿、记性变差，是脑神经衰弱的症状。我很担心，脑神经如果越来越衰弱，会变成神经病吗？

从这些叙述中，可以感觉到他们的心慌，同时，这也是许多病友共同的疑问。

对现代人来说，各种身心不适的症状越来越普遍。让人困惑的是，明明感觉到身体很不舒服，但经过一连串的检查后，却找不出生理上的毛病。这时候，就是精神科（或者称为“身心科”）医生登场的时候了。

别担心，到精神科看诊并不代表有精神病。像上述的各种例子，不论是“焦虑症”“自律神经失调”，还是“脑神经衰弱”，多半都跟精神压力有关。所以，要恢复健康，让身心舒适，还是要从精神的保健着手。

一般来说，我们比较容易注意到身体的不适，却不容易觉察情绪的压力和困扰，因此，患者的主诉往往是从身体症状开始。我们可以举三个临床案例来说明：

失眠案例

二十三岁的硕士班学生孙小姐：“已经三个月了，我躺在床上翻来覆去的，至少要 2 个小时才有办法睡着……”

许多因素都会导致失眠，压力和焦虑是最常见的原因之一。所以医生都会询问患者最近的生活状况，是否有明显的压力事件，如考试、求职、家庭、恋爱、人际关系的困扰。

健忘案例

四十岁的上市公司主管李先生：“最近半年记性

很不好，常常忘记要做什么，我是不是得了老年痴呆症？”

四十岁得老年痴呆症真的太早了，可能性不高。其实，长期的焦虑常常伴随注意力不集中与健忘，所以，医生会帮助患者评估自己的焦虑指数，以确认造成健忘的真正原因。

火气案例

五十二岁的家庭主妇林太太：“这半年来，我越来越容易发脾气。自己不知道为什么，先生、家人也不知道该怎么办。”

许多人处在压力下、情绪紧绷时，脾气当然就变得不好。但很多时候自己不会察觉到是焦虑的关系。所以，医生会先了解患者的生活和情绪状态，帮助患者学会纾压，释放焦虑，发脾气的状况应该就可以改善。

压力会导致焦虑。焦虑是一种紧张不安的情绪状态，跟恐惧很类似。不同的是，焦虑往往缺乏明确的对象。如果有具体害怕的对象，那种情绪反应称为“恐惧”；如果不知道自己究竟在害怕什么，却仍感到紧张不安，就称之为“焦虑”。

在平常用语中，焦虑与恐惧经常混着使用，“焦虑”一词往往同时代表焦虑与恐惧。本书所谈的焦虑就涵盖了这种比较广泛的概念。

焦虑情绪会伴随生理反应，这是生物应付威胁的本能。但过度强烈的生理反应，会造成身体不适。当焦虑的状况严重到影响日常生活时，就可能是“焦虑症”。所谓“症”，是“病态式”的焦虑症候群，会使健康亮起红灯，甚至让人忧惧度日，生活品质下降。这时，最好能寻求医疗上的协助，一起“抗焦”。

压力和焦虑所导致的情绪紧绷，也可能影响到自律神经的功能，导致许多身体症状。而长期过大的压力，也更容易使身心都感到虚弱耗竭，导致“脑神经衰弱”的苦恼。

总而言之，压力和焦虑是现代许多身心疾病的源头。所以，本书一开始先详述焦虑与压力的关系，以及何谓病态的焦虑，接着简介焦虑症家族的各种类型、自律神经失调，以及脑神经衰弱的症状与解决之道。最后，则提供超越焦虑的法门与具体做法。

希望这本实用易懂的小书，可以帮助读者纾解压力与焦虑，恢复轻松健康的自在人生。

目 录
CONENTS

第一章 压力与焦虑

第二章　什么是病态焦虑

第三章　焦虑症家族

第一章
压力与焦虑

良性的焦虑能提升表现，赋予生命美妙意义。

太容易焦虑和“个体因素”有关，可通过一些学习来帮助我们成为情绪的主人。

你最近总是坐立不安，或者容易口干舌燥、睡不着吗？那就要想想：“是不是有什么事情让我很焦虑?”“最近是不是压力太大?”

做一下测验，为自己的焦虑打打分数吧。通过以下的“焦虑自我评量表”，我们可以初步侦测自己是不是有潜在的焦虑问题。

侦测焦虑——焦虑自我评量表

焦虑自我评量表（The Self - rating Anxiety Scale, SAS），是由美国杜克大学（Duke University）精神科医生威廉·章格（William W. K. Zung）提出，总共 20 题的自我评量，可以简单测出焦虑指数。

请针对每个问题，根据自己的严重程度回答：

1 = 几乎没有

2 = 偶尔，有时候

3 = 很多时候

4 = 总是如此

譬如问题 2：“我无缘无故地感到害怕。”几乎不会害怕就选 1，偶尔会害怕选 2，很多时候都在害怕选 3，绝大部分时间都很害怕就选 4。

现在，先填一下问卷，了解自己的焦虑分数吧！

焦虑自我评量表

	问　　题	分数（1～4）
1	我最近比过去容易感到紧张或焦虑	
2	我无缘无故地感到害怕	
3	我容易烦乱或觉得恐慌	
4	我觉得自己快要崩溃了	
*5	我觉得一切都很好，没有坏事会发生	
6	我的手或脚发抖或打战	
7	我受头痛、颈痛或背痛所苦	
8	我觉得虚弱而且容易累	
*9	我觉得心情平静，而且能轻易地维持坐姿	
10	我感到心跳急促（心悸）	
11	我受一阵阵的头晕发作所苦	
12	我曾经紧张或焦虑得晕倒，或觉得快要晕过去了	
*13	我可以平顺地呼气和吸气	
14	我觉得手指或脚趾麻木和刺痛	
15	我受胃痛和消化不良所苦	
16	我常常需要去小便	
*17	我的手常常是干燥又温暖的	

续表

	问　　题	分数（1～4）
18	我的脸会发烫发红	
＊19	我容易入睡，而且整晚睡得很好	
20	我会做噩梦	

计分方式：将所有得分相加。但是要注意，第 5、9、13、17、19 题（有＊者）为反向题，用相反的计分方式。譬如问题 5：“我觉得一切都很好，没有坏事会发生。”如果选 4，记分为 1 分，选 3 得 2 分，选 2 得 3 分，选 1 得 4 分。

20 题的分数加总之后，再乘以 1.25，取整数部分就是你的焦虑分数：

20～44 分＝正常范围

45～59 分＝轻度～中度焦虑

60～74 分＝重度～严重焦虑

75 分以上＝极度焦虑

这一份评量表，前半段的问题是问情绪状态，例如，紧张、焦虑、害怕、慌张、觉得自己快要崩溃了等。后半段则是询问身体感觉，例如，手脚发抖或打战、头痛、脖子酸痛、下背痛，或者常觉得虚弱、容易疲倦、长期坐立不安、心跳急促等。

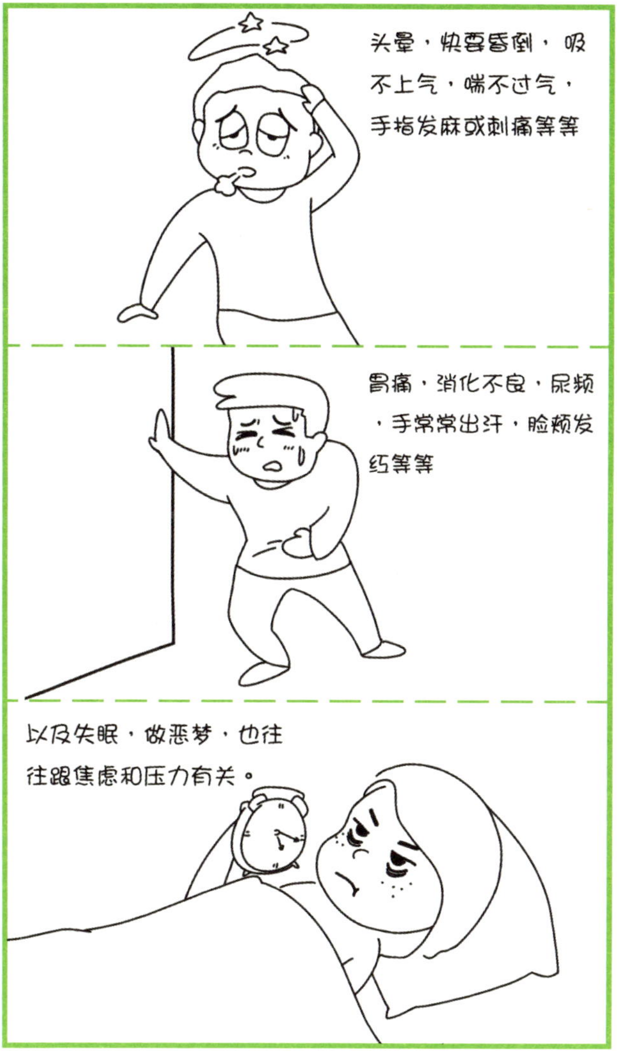
头晕，快要昏倒，吸不上气，喘不过气，手指发麻或刺痛等等
胃痛，消化不良，尿频，手常常出汗，脸颊发红等等
以及失眠，做恶梦，也往往跟焦虑和压力有关。

根据这份评量表可以发现，焦虑常常表现在身体症状上，包括头晕、快要昏倒了、吸不上气、喘不过气、手指头发麻或刺痛的感觉等；另外，胃痛、消化不良、常尿频、手常常出汗、脸发烫发红等，以及失眠、做噩梦，也往往跟焦虑和压力有关。

无论如何，即使是初次体验这些症状，也仍然要留意是否真的生病了。如果做了必要的检查，确定身体没有问题，那就要评估焦虑与身体症状的关联了。

当焦虑来袭，会有多面向的反应，包括情绪、行为、思考跟生理。察觉焦虑的存在，是克服病态焦虑的第一步。

焦虑评量表帮助我们察觉自己是不是有潜在的焦虑问题，分数越高，就越得小心焦虑太严重。如果得高分的你，同时觉得最近生活很难过，事情总是做不好、很不快乐，代表焦虑已经实际影响到日常生活，建议你要寻找专业的协助。

焦虑自我评量的分数很高吗？欢迎来敲医生的门，一起厘清潜在的问题！

| 小 | 常 | 识 |

焦虑是什么？

- 情绪状态：紧张、着急、烦躁、慌乱、不安。例如，方寸已乱、心烦意乱。
- 行为改变：坐立不安、逃走、失眠、紧绷。例如，如坐针毡、食不下咽。
- 思绪方式：烦恼、想东想西、思绪混乱、快抓狂了。例如，杯弓蛇影、草木皆兵。
- 身体不适：胸闷、吸不到气、头痛、肚痛。例如，头晕目眩、心痛如绞。

为什么你比较容易焦虑

焦虑，和压力太大有关系。

当人感受到威胁或需要改变时，在心智、身体、情绪和灵性等不同面向上，会有一系列的生理反应和调适过程，也就是“压力反应”。

许多时候，我们不会察觉到这些自动发生的生理变化。但是当反应达到一定强度，我们就会感受到，而且往往是强烈地感受到焦虑、不自在。也就是说，“焦虑”是进入个人意识层次的压力反应。值得注意的是，每个人感受到的压力反应都不一样。有些人对自己的情绪变化很敏感，有些人则表现在身体症状上。

压力的强度也和个性有关。有些人不擅表达情绪，有些人外向活泼；有些人容易先往坏的地方打算，有些人能正面看待逆境。个性不同，使得看事情的角度与面对方式也不同。因此，相同的压力事件，对每个人所造成的影响并不一样。有的人抗压性很好，天塌下来也不担心；有的人抗压性较差，一点儿小事就会让他紧张焦虑，寝食难安。这就是所谓的“个体因素”。（如图一）

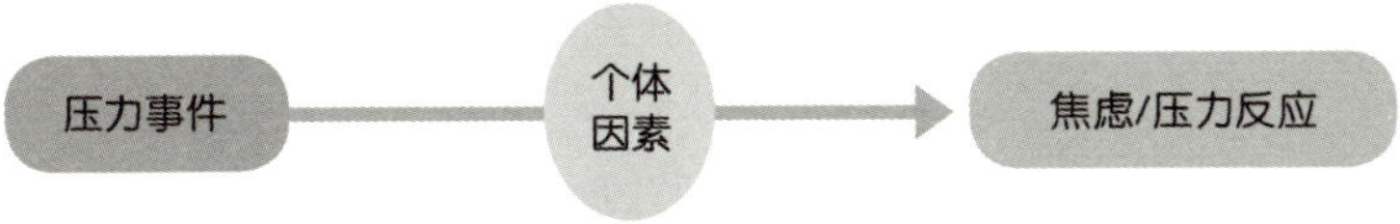

图一　压力与个体因素

个体因素通常跟个人的认知模式有关。这个世界是怎样的？是通过我们的眼睛与大脑来决定。面对相同的压力事件，悲观的人认为压力是冲着自己来的，感受到很强烈的不友善；乐观的人却觉得没那么严重，危机就是转机。

所以很多时候，焦虑是来自我们对信息、压力的错误解读，也许是自己放大了一个小小压力，使得焦虑感变强。例如，大白天走在马路上，左右方向都有来车，

小心就好。但是容易紧张的人就很担心：“驾驶员会不会打瞌睡？酒驾的人会不会撞到我？”乐观的人则认为：“行人最大，车辆会礼让行人。”这就是认知模式的不同，有人行走于马路像是身处枪林弹雨中，有人则是轻松自在。

大脑的认知模式，我们通常不会察觉到，因为这是一个太自动、太习惯成自然的反应，以致我们很容易忽略。但是为了解决焦虑与压力的不适感，我们应该学习察觉自己的认知模式。

我们可以试着问一问自己：我对于类似的事情，是否都倾向用同样的思考方式？当我们察觉到自己的认知模式，在不同的情景下会产生怎样的“自动化思考”时，就可以学习改变对事物的评价，让压力变小。比如说，碰到类似的压力事件，若上次的经验不好，这次自然会因为感到痛苦而想逃跑，一旦逃了第一次，第二次就更想逃；但是如果试着面对压力，努力克服困难，压力就变小了，下一次再遇到相同事件，焦虑感也会降低。这样的适应过程，其实是一个训练，能让我们越练越不惧怕，成为情绪的主人。

人类行为的改变，就是对生存环境的适应过程，通常是自然发生的。但是要改变认知模式，就需要后天学习。

学习改变对事物的评价，让压力变小；而持续的训练之后，我们可以成为自己情绪的主人。

现代压力知多少

除了个体因素，从某个角度来看，焦虑症也是一种文明病。我们来瞧瞧，现代人所处的社会压力有多大。

生物性及生态环境

从前，人类只需面对生物性及生态环境改变的压力，譬如觅食、日月周期、季节转换等。但是全球暖化之后，气候异常，各种灾难频传，带来重大压力。另外，污染严重的空气与水源、狭小的生活空间、各种新兴传染病的出现，都带给人类不同于以往的挑战。

社会因素

人是社会动物，尤其现代社会人口密集，讲究高度分工与相互合作，人与人之间的来往变得很重要，若是人际关系技巧不好，就很难适应现代社会。早期自食其力的农业社会就没有这种压力。另外，社会制度改变、社会阶层的流动，对个人而言都是巨大的压力。

工作因素

时代在变，工作上的要求与挑战越来越多。特别是劳力密集、人力资本较便宜的地区，工时特别长，休假时间少，退休年龄逐渐提高；生活成本的增加使得双薪家庭成为不可避免的趋势。工作是生活中很大的压力来源。

学业因素

不断的大考小考，是学生挥之不去的压力。学习与同学相处、面对霸凌等问题，也是校园里主要的压力来源。

快速改变的世界及新科技的出现：

自工业革命以来，世界改变的速度越来越快，迈入21世纪之后更是如此，云端科技兴起，我们要一直努力

跟上时代加倍的变化，不然就会逐渐遭到淘汰，与世界脱节。对于迈入中年的朋友，学习新事物便成为一种常见的压力。

以上这些因素使压力因子越来越多。古代的压力反应，是生存的必要机制，提醒我们威胁来了，要有准备。到了现代，压力过度密集，我们的身体在感受到威胁后，根本没时间慢慢适应与消化，于是压力成为诱发自律神经失调、脑神经衰弱与各式焦虑症等疾病的危险因子。

压力也有益处

换个心情乐观面对，我们会发现“压力”也有益处：它会带来前进的动力。虽然它会引起紧张与不安，令人不愉快；但它也促使我们激发潜能，积极改变，不断进步。我们来解读一下，“压力”是什么呢？压力是个体感受到威胁时所引起的一种紧张不安的状态，此状态使人在情绪上产生不愉快或痛苦的感受。

然而，压力跟痛觉一样，有时具有正面的示警功能。例如，糖尿病患者因为周围神经病变而丧失痛觉，所以手脚受伤也不知道，无法立即发现并处理伤口，导致伤口越来越恶化，可能严重到需要截肢。而压力反应会让我们的身体有所警觉，准备好去应付紧急状况。

一般来说，“压力源”与“压力很大”分别代表了事件与作用：压力源是事件，压力很大则是压力源作用在自己身上时的感受。压力，可以提醒有些事情正在威胁我们，必须好好处理。

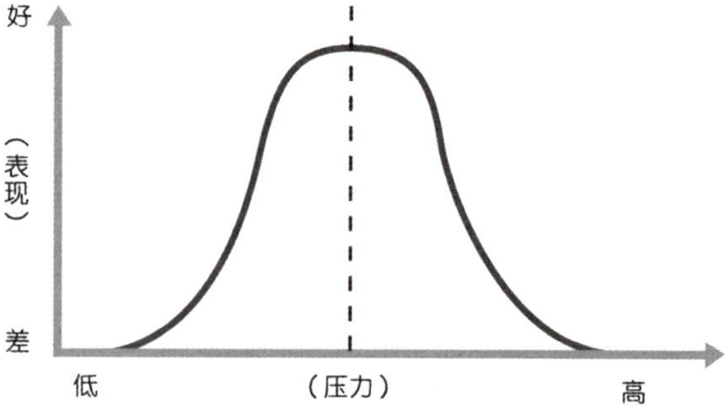

适度的压力，可以提升行为表现。但过低或过高的压力，则会让表现变差。

图二　表现压力曲线

图二是“表现压力曲线”，横轴代表压力的大小，纵轴是表现的优劣。压力越大，警醒的程度越高；当我们面对适度的压力时，表现是最好的；但是当压力太大，超过个体的负荷时，表现又马上降下来。

有学者做过研究，动物如果生活在安逸而无竞争压力的环境下，没有承受过压力的体验与训练，就会逐渐丧失防卫战斗能力，等遇到威胁时会无力抵抗，产生生存上的问题。所以压力反应是一种正常且必要的生理现象。

要乐观看待压力喔，因为适当的压力（良性的压力），会让我们表现得更好！

算一算压力指数——社会再适应评量表

“我最近压力好大啊！”经常听到有人这样说。那么，压力大小要如何评估呢？

1967 年，心理学家托马斯·霍姆斯（Thomas－Holmes）和理查·瑞（Richard Rahe）提出了一套测量压力的方式——“社会再适应评量表”（Social Readjustment Rating Scale）。

因为生活中的任何改变，无论正面的或负面的，对个人来说都可能是一种压力。所以，研究者将常见的43项生活事件列出来，每一事件引起生活变化的程度或是达到社会再适应所需要努力的程度，称作生活变化单位（Life change unit，LCU），并用数值来量化各事件的压力强度。

社会再适应评量表

生活事件	LCU	生活事件	LCU
丧偶	100	怀孕	40
离婚	73	性功能障碍	39
分居	65	新家庭成员的加入	39
入狱	63	公司改组	39
近亲去世	63	经济状况改变	38
个人受伤、罹病	53	好友去世	37
结婚	50	工作转行	36
遭解聘	47	与配偶口角次数改变	35
婚姻复合	45	贷款超过三百万	31
退休	45	借贷的赎回权遭到取消	30
家人健康状况改变	44	工作职责改变	29
儿女离家	29	休闲娱乐改变	19
与姻亲相处有困难	29	教会活动改变	19
杰出的个人成就	28	社交活动改变	18
配偶开始或停止工作	26	借贷小于三百万	17
开始上学或休学	26	睡眠习惯改变	16
居住环境改变	25	家人聚会次数改变	15
个人生活习惯改变	24	饮食习惯改变	13

续表

生活事件	LCU	生活事件	LCU
与老板发生冲突	23	假期	13
工作时数或环境改变	20	圣诞节	12
搬家	20	轻微地违反法律	11
转学	20		

计分方法是把过去一年中所遭遇到的压力事件加起来，计算出累积的LCU值。压力分数越高，身心影响也就越大，如果没有适度化解压力，就可能引起身心的不适和疾病。

150分以内：未来生病的机会为30%，表示压力并不是很大。

150～299分：未来两年内生病的机会约为50%。

300分以上：未来两年内生病的机会约为80%，概率非常高。

值得注意的是，压力会累积，彼此有交互作用，它是一种加乘的概念，所以这份评量表是很好的提醒。如果发现自己的压力分数偏高，就要赶快寻求纾压的管道，尽量减少压力的来源，必要时向专业界求助，可有效降低压力对个人健康的伤害。

压力三阶段

压力对身心健康的影响，随着阶段的不同而有所不同。压力研究之父，加拿大医生汉斯·塞耶（Dr. Hans Selye）观察动物在调适压力时，有三阶段不同的反应：

警觉反应阶段（Alarm reaction）：压力一开始，自律神经功能和内分泌系统会活化，生理功能增强，开始来对抗压力。

抗拒阶段（Stage of resistance）：压力不断持续，身体无法一直维持这种高张力的活化，会试着恢复平静，以平衡过度警觉的反应；此时虽然警觉程度稍微降低，但只要压力还在，就无法完全平静。压力若没有解除，活化程度持续很高，身体就只好保留特别需要的部分，譬如保留肌肉部分的活化，造成肩颈酸痛。

耗竭阶段（Stage of exhaustion）：当压力持续增强，

身体无法再满足压力的需求时，就会耗竭；在实验室老鼠身上，可观察到淋巴器官萎缩、白血球减少、肠道溃疡，甚至死亡。所以，当无法处理剧烈且长期的压力时，身体健康所受的影响是非常大的。

压力如何转变成焦虑

紧张时肚子痛、心跳加速的感觉，你体验过吗？这是因为紧张时大脑会送出讯号，改变自律神经系统和压力荷尔蒙，进一步改变生理反应，造成我们身体不适。这也是为什么大部分的焦虑症患者，常因为胸闷、心悸等身体症状来看诊的原因。

|小|常|识|

压力荷尔蒙

它的正名叫作“皮质醇”，这是由肾上腺制造分泌的一种类固醇荷尔蒙，压力大时，会大量分泌，让身体准备好应付压力。它通过糖质新生增加血糖，让身体有更多能量来应付变化。

皮质醇的作用也能抑制免疫反应、促进肾上腺素分泌、增加胃酸分泌和骨质再吸收，作用在大脑则能促进神经传导物质释出，影响记忆的形成。

大脑里的杏仁核与海马回

外来的压力是如何通过大脑的作用，转变为焦虑呢？这要谈到神秘的大脑结构了。

我们的大脑底部有两个重要部位跟焦虑反应有关系："杏仁核"处理负面情绪的刺激；"海马回"处理记忆的储存。

1. 杏仁核

位于大脑的边缘系统，负责处理负面情绪的刺激。当压力事件发生时，杏仁核会活化，让我们产生受到威胁的感觉。在实验室中，直接刺激动物的杏仁核，它就会产生焦虑和恐惧的感觉。杏仁核受损的人，无法辨识表达恐惧的脸部表情，察觉焦虑恐惧的能力也会受到影响。

杏仁核是全身最快感受到压力的部位，当刺激出现时，身体还没感觉到不舒服，杏仁核就已经有反应了。另外，一些我们认为中性的、不带有意义的刺激，譬如时钟的嘀嗒声，也会让杏仁核产生反应，所以噪声也会引起体内的压力，这也暗示了我们随时在准备面对压力。

2. 海马回

负责事件记忆的登录及储存，与杏仁核有交互作用。面对压力事件时，海马回会通过杏仁核的影响，把不愉快或焦虑的记忆储存在大脑，形成经验学习的材料。

但是慢性或过大的压力，反而会损伤海马回而影响记忆形成。“创伤后压力症候群”就是经历严重创伤经验后的一种焦虑，譬如经历大地震时，天花板在面前掉落、梁柱崩裂、目击亲人死亡，对于自己是否能活下去充满不确定感……这样的体验，可能让一些人忘记他所目睹的一切，那是因为骤烈的压力造成海马回损伤，让人不复记忆，无法再回想起创伤的细节。

压力反应的两大系统

大脑感受到压力后，又是如何发号施令去调节焦虑反应的呢？它的路径有两个——“肾上腺分泌皮质醇系统”与“自律神经系统”，通过这两个系统来管理全身的生理反应。

1. 肾上腺分泌皮质醇系统

情绪反应→刺激杏仁核的中央核、终纹床核→作用到下视丘→脑下垂体→刺激肾上腺→释放皮质醇（压力荷尔蒙）

在压力之下，皮质醇由肾上腺大量分泌出来进入周边血液后，循环到下视丘、脑下垂体，若身体受到过度刺激，下视丘和脑下垂体反而会抑制皮质醇的释放。这种负向回馈机制常见于人体各种生理系统，借由这种精细机制来调节各种生理功能，以保护我们的

身体不受伤害。

但是，抑郁症患者的负向回馈系统却发生问题，脑下垂体与下视丘不受抑制，持续送出讯号要求肾上腺分泌皮质醇。长期处于压力过大的情况，皮质醇不断分泌，免疫力就会变差，引发口角炎；肾上腺素长期增强分泌，容易升高血压，特别是原本就患有高血压的病人，血压会变得难以控制；另外胃溃疡、记忆力衰退等现象也会一一出现。

另一个极端的例子是，创伤后压力症候群患者，不但皮质醇分泌减少，而且脑下垂体与下视丘对于皮质醇的抑制作用更为敏感，导致皮质醇缺乏、压力反应失调，造成各种情绪及适应的困难。

2. 自律神经系统

压力反应由大脑→杏仁核→外下视丘→作用在自律神经系统（交感神经与副交感神经）

自律神经系统包含交感神经与副交感神经。交感神经负责“战备状态”，启动时心跳加快、血压上升、血糖增加。副交感神经负责“休养状态”，让心跳变慢、血压降低。这两个系统会作用在很多身体器官——眼睛、唾液腺、气管、心脏等，它们的功能就像跷跷板，是互相拮抗的，当交感神经亢奋，副交感神经就会受到抑制，反之亦然。一旦调节不好，就会造成自律神经失调。

当我们焦虑时，交感神经系统比较活化，会产生瞳孔放大、唾液腺分泌减少、汗腺分泌减少、支气管舒张、心搏加速、血管阻力增加、胃肠道蠕动减少等反应，让身体进入备战状态。

当焦虑或压力过大，自律神经过度亢奋，很容易造成“自律神经失调”现象。面对重大或长期压力时，有时是交感神经比较旺盛，就会出现紧绷不安、血压升高；有时为了平衡与调节机制，却变成副交感神经比较旺盛，感觉疲惫、懒怠、体力不佳。

另外，因为每个人的体质因素不同，面对压力，有的人特别容易感觉到心脏部位不适，譬如心搏加速、心

悸、胸闷；有的人胃肠道特别敏感，压力一大就拉肚子或是便秘、没有食欲；有的人则是膀胱特别敏感，开始尿频。其实各个器官的不舒服都与自律神经相关，所以我们不是治疗器官，而应该治疗造成自律神经失调的源头，也就是焦虑的情绪。

焦虑对身心的影响

焦虑，不仅让人心情不好，带来生理的改变，还会影响认知与行为。许多人是因为焦虑引起的身体不舒服而就医，胸闷就去看心脏科、腹泻就去看肠胃科，一家一家医院不停地看，却检查不出问题，更加深挫折感和焦虑感。事实上，如果能够早点接受精神科医生的评估与协助，厘清生活中有哪些压力引起焦虑，就能避免不必要的就医行为，并且对症下药，早日恢复健康。

焦虑会带来哪些影响呢？我们可以从以下四个面向来看：

情绪状态	焦虑会影响心情。这是一种复杂的情绪体验，包括害怕、紧张、畏惧、不安、心慌等感觉。
认知思想	(1) 认知能力改变——注意力集中、思绪变快，专注思考着如何应付改变或威胁。 (2) 思考方式改变——警觉性提高，留意负面后果以及可能发生的灾难。这时人会寻求认同，希望别人支持我们的决定，变得比较完美主义、讲究细节。
行为改变	动物在面对威胁时，会出现“战斗或者逃跑”的反应；人类也一样，遇到困难，不是面对就是逃避，当然也有可能受到惊吓而愣在原地，不知所措。野生动物面对的威胁多半是天敌；人类的生存威胁，除了生离死别外，还包含了社交的焦虑、失败的焦虑，等等。
生理反应	为了对威胁展开行动，身体会产生一系列的生理变化，包括肌肉张力增加、心跳加速让血液赶快供应氧气到全身、血管阻力增加而使血压上升、呼吸急促使得换氧量增加、瞳孔收缩、冒汗、口干舌燥等。

在焦虑适应的过程中，最重要的是知道自己在紧张，才能找到对的方法改变自己。就像病友老赵，因为紧张造成胸闷，去心脏科看诊，医生说：“你心脏没问题，去看精神科吧。”老赵听了心头更火：“我明明是胸

闷，你却要我去看精神科，难道我疯了？”其实，这正是问题所在：因为老赵没有意识到“焦虑才是问题的核心”。

也有不少人因为常常拉肚子，做了所有的肠胃检查都没问题，医生询问：“最近是不是比较紧张？”有些人会一口否认，“没有啊，我一切都很好，哪有什么好紧张的？”但仔细追问下去，才发现真的有些事情引发他们焦虑，只是他们不自知。很可能因为太习惯压力的存在，不知不觉中压力已成为生活背景的一部分，反而忽略自己一直处在焦虑状态，直到身体发出警讯，才恍然大悟。

“察觉我在焦虑”，是改善身心状态的关键第一步。

医生我觉得心脏很闷。
你心脏没问题啦，去看精神科吧。
我明明心脏痛你却要我去看精神科，难道我疯了？
其实你没有意识到“焦虑才是问题的核心”。

|小|常|识|

焦虑适应的过程

压力事件，会因每个人的个体因素而对个体有不同影响；人们通过各种焦虑反应，逐步地去适应。

压力事件→个体因素→焦虑反应（情绪、认知、行为、生理）→适应过程

- 成功的适应过程——以后面对类似压力，可减少焦虑反应程度。

- 不良的适应过程——以后面对类似压力，会加强焦虑反应程度。

- 为什么会适应不良？

1. 压力太大、焦虑反应太强：生理不适、无助感、无望感。

2. 使用不当的适应方式：错误的认知模式、反复的回避行为。

第二章

什么是病态焦虑

焦虑超过了一定程度就会发展成病态，从情绪、认知、行为、生理等方面可以观察出来。

只要改善其中一个层面的症状，就能降低整体的焦虑度。

焦虑症是最常见的精神疾病之一，跟生活压力息息相关，可以说是一种文明病。压力大时，焦虑的情形就会升高，而且常常会慢性化，影响日常生活和身体健康。

当焦虑状况严重，身体发出种种警告，日常生活一再出问题时，可能已经变成“焦虑症”，也就是“病态式”的焦虑症候群。

看看以下四个案例，他们有没有超出焦虑的范围，呈现病态发展呢？

不断检查案例

三十五岁的上班族黄先生：“我总是担心门窗没上锁、煤气没关紧，出门前一直检查，走几步路不放心又回去检查一遍，搞得上班老是迟到。最后为了在上班之前有充裕的时间检查煤气，我每天得提早一两个小时起床。”

他一直无法克服心里的担忧而需要反复检查，这种行为已经大大影响了生活。他可能有焦虑症中的“强迫症”。

喘气案例

三十岁、失业一年的王小姐：“已经有一年多了，我经常心悸胸闷、喘不上气，一直上医院做检查、跑急诊，但检查结果都是正常，不知道该怎么办？为了这病，我工作也没了。”

她的焦虑状态不只引发身体上的不适感，甚至影响到了工作，必须进一步仔细评估是否患了焦虑症。

躲女生案例

二十一岁的杨姓男大学生：“我无法在餐厅吃饭。事实上我几乎不和女生说话。”

因为太紧张，害怕自己会出糗、手足无措，于是回避可能让自己窘迫的情境。他可能有焦虑症中的“社交焦虑”问题。

怕飞机案例

四十二岁的银行职员蔡小姐：“我从来不出国。飞机的空调让我无法呼吸，甚至曾经因为在飞机上快窒息，当场决定放弃旅行，直接下飞机。从那次以后，我对搭飞机愈来愈敏感、害怕，就连听到朋友要去搭飞机，或者新闻报道机场的相关消息，都会觉得肚子痛。”

她对飞行的强烈恐惧，导致身体不适；这些不舒服的症状，更加深了她对飞行的恐惧。她可能患有焦虑症中的“畏惧症”。

我无法在餐厅吃饭
我几乎不和女生说话

如何察觉病态焦虑

不妨自我检视一下：你的焦虑情绪已经影响日常生活了吗？或你总是冒出无中生有的焦虑吗？

简单来说，如果压力事件本身并不严重，但身心反应却相当激烈，那么这就是病态的焦虑。

还有一个简单的判断原则：如果焦虑已经让你觉得每天都不舒服、什么事情都做不好，那就要好好面对了。

病态的焦虑会通过情绪、认知、行为改变与身体症状来表现，而且会放大负面感受，情绪变得焦躁不安。以下是病态焦虑的症状：

情绪症状	**极度地不安、情绪起伏过大、心情总是不平静。**
认知思想症状	1. 认知症状：注意力不集中、记忆力变差。 2. 思考模式：灾难化思考、以偏概全、自我挫败、预设不好的后果等。
行为改变症状	**不断逃避、坐立不安、来回踱步停不下来。**
身体症状	1. 不舒服、说不出原因的身体不适；影响个人日常生活。 2. 与自律神经失调有关：心悸、胸闷、头晕、头痛、肠胃不适等。

在认知思想上，长期处于焦虑会引起注意力不集中、容易健忘、记忆力变差等。有的人思考模式会变得偏激，常有灾难式思考，也就是人们常说的："老是往坏的地方想。"遇到一点儿小事就像天要塌下来，觉得"一切都完蛋了，没希望了、活不下去了"。行为表现上会不断逃避、坐立难安，却又没办法展现具体行动去做些什么，只是一味担心。身体表现则是常常不舒服，偏偏怎么检查都是正常，这些都是病态的焦虑症状。

身心疾病与病态焦虑

有些药物与生理疾病也会引起焦虑反应，例如，降血压药里的钙离子阻断剂、血管收缩素转化酵素抑制剂、乙型交感神经抑制剂，都会让人容易紧张、焦虑。

咖啡和茶这些含咖啡因的饮料，过量饮用也会让人焦虑。平时有抽烟、喝酒习惯的人，往往是靠酒精与香烟来压抑焦虑，若突然没有酒喝、没有烟抽，可能会出现戒断的现象，反而升高焦虑感。

很多患有精神疾病的病友也会有焦虑的问题，譬如精神分裂症（台湾地区改名为“思觉失调症”）患者的幻听，总觉得有人在他耳边说话、批评他；妄想症患者常觉得有人在监视他，要对他做什么不利的事；躁郁症患者情绪比较不稳定，很容易因为要求没有得到满足而生气；抑郁症患者看事情很负面，特别容易有无中生有

的压力。以上这些因为精神疾病而引发的种种现象，都很容易造成焦虑反应。

焦虑症状常见于各种生理疾病和心理疾病，例如：

精神疾病	**焦虑症、抑郁症、躁郁症、精神分裂症、妄想症……**
身体疾病	神经科疾病、内分泌疾病、自体免疫疾病……
内科药物	**血压药（钙离子阻断剂、血管收缩素转化酵素抑制剂、乙型交感神经抑制剂）、非类醇类止痛药、女性荷尔蒙……**
刺激性物质的作用	1. 过量使用：咖啡、茶……2. 戒断现象：酒精、海洛因……

是焦虑症还是抑郁症

很多人常问起这个问题："医生，我很容易紧张，情绪又很低落，这到底是'焦虑症'还是'抑郁症'?"

其实不必太计较两者的差别，又不快乐又焦虑，这两种情绪经常一起出现，同时罹患两种疾病的共病率也很高。若是真的很难区分，治疗上也是大同小异，都能用抗郁剂治疗。

1991 年，美国南方卫理公会大学（Southern Methodist University）心理系的两位学者李·安娜·克拉克（Lee Anna Clark）和大卫·华生（David Watson），提出了"三阶层概念"来区分抑郁症和焦虑症。

所谓"三阶层"是指负面情绪、正面情绪、自律神经亢奋。抑郁症与焦虑症两者都有负面情绪，但抑郁症者缺乏正面情绪，碰到好事情都快乐不起来；焦虑症者碰到好事情则可以感到快乐，这是两者之间很大的不

同。另外，焦虑症患者常有显著的自律神经亢奋或自律神经失调的症状，但抑郁症患者则不明显。

| 小 | 常 | 识 |

焦虑症有多常见?

美国调查显示，焦虑症一年盛行率约为 17.7% (100 个人中有 17 个人在一年之中得焦虑症)，比例很高；其中女性的患病率约为男性的两倍，女性的终生盛行率可以高达 30.5% (10 位女性中，有 3 人在一生中可能罹患)。

台湾地区的焦虑症情况又是怎样呢?

这十多年来，没有新的普遍性调查，但根据台大医院胡海国教授于 1982—1986 年的社区调查，可以看出台湾地区焦虑症的盛行率低很多，可能是因为许多焦虑症患者并未就医。

在焦虑症家族中，以广泛性焦虑症最为常见，在城镇调查所得的终生盛行率可以高达 10.5%。女性比男性更容易罹患广泛性焦虑症 (1.5 ~2 倍)，以及畏惧症 (2 ~3 倍)。

焦虑症有几种

“焦虑症”包含了许多不同的疾病，它们的核心症状是“畏惧”和“焦虑”，是针对某类事物或广泛事物，心生畏惧、焦虑，依畏惧的对象和焦虑的性质，区分出不同的焦虑症别。

常见的焦虑症状如下：

焦虑症	临床特色
恐慌症	反复的恐慌发作（强烈的、令人害怕的焦虑性生理反应），觉得身体非常不舒服，快要崩溃、死掉，伴随强烈的惧怕与焦虑的反应。
惧旷症	惧怕焦虑发作或身体出状况时无法获得援助或逃离，所以很多地方不敢去，譬如空旷的地方。
社交畏惧症	因为担心他人批评、发生困窘，而害怕躲避社交情境。

续表

焦虑症	临床特色
特定对象畏惧症	对于特定的物体或情境，譬如蜘蛛、高空处，有强烈的焦虑反应和躲避行为。
广泛性焦虑症	长期、无法控制地担心许多事物，婆婆妈妈般过度忧思小事情，譬如担忧儿子上班途中会不会出事情？女儿今天没打电话来是不是怎么了？
强迫症	强迫式的思考与行为，无法控制地反复出现令人焦虑的想法、影像或冲动，必须通过某种仪式性的行为来中和上述焦虑。譬如一直洗手，这是强迫式怕脏的意念，所以通过不断洗手的方式来改善焦虑感。有些人洗手会夸张到有特定的步骤，好比一次要洗五遍，一遍要洗两分钟，所以总共要洗十分钟才算干净，于是一天中可能都在洗手，生活会受到很大的影响。
创伤后压力症候群	在创伤事件后，出现三大类症状： 1. 反复体验与该创伤相关的事物。譬如被强暴的妇女反复梦到当时的场景、人物或感觉。 2. 在日常生活会有强烈焦虑反应，警觉系统被过度活化，总是觉得紧张、对声音很敏感、静不下来等。 3. 有回避和麻木反应，会逃避跟创伤事件有任何相关的人、事、时、地、物，对于自己的生活或情绪经验则出现麻木感觉。

在焦虑症的分类中，欧洲国家广泛采用的《国际疾

病分类第十版》将焦虑症分为“畏惧性焦虑症”与“其他焦虑症”两类，前者为针对特定对象的焦虑，后者则无特定对象。“畏惧性焦虑症”的类别包括伴有恐慌症之惧旷症、无恐慌症之惧旷症、惧社交症、特殊(单项)畏惧症；“其他焦虑症”的类别包括无惧旷症之恐慌症（阵发性焦虑发作）与泛焦虑症。在《国际疾病分类第十版》中，强迫症与严重压力之反应与适应障碍症则有自己的类别。

本书对于各种焦虑症的介绍，系依据美国精神医学会发行的《精神疾病诊断与统计手册第四版》。在这个诊断系统中，焦虑症还包括了强迫性疾患、创伤后压力疾患与急性压力疾患。2013 年，美国精神医学会发行《精神疾病诊断与统计手册第五版》，其中的改变与《国际疾病分类》相仿。在第五版中，除了原来的“焦虑症”这个分类外，还增加了“强迫症及相关疾患”与“创伤和压力相关疾患”。所以在第四版“焦虑症”这个分类下的强迫性疾患，在第五版归类到“强迫症及相关疾患”中，此分类也包含身体畸型性疾患、收集癖疾患、拔毛癖等

带有强迫性特质的病状。第四版“焦虑症”这个分类下的创伤后压力性疾患和急性压力疾患，在第五版中归类到“创伤和压力相关疾患”，此分类也包含适应性疾患、反应性依附疾患等与显著压力相关的疾病。

以下是美国精神医学会于 2013 年发行的《精神疾病诊断与统计手册第五版》中，焦虑性疾患（anxiety disorders）这个章节所涵盖的各种焦虑症：

（1）分离焦虑症：对于离开家里或依附对象，所产生的过度害怕与焦虑。

（2）选择性不语症：在特定的社交情境中，无法与其他人交谈。选择性不语症的患者往往只有在家里才有办法开口说话。

（3）特定对象畏惧症（specific phobia）：畏惧的对象可以是动物、自然环境、血液/打针/受伤，或是特别的情境。

（4）社交焦虑症（social anxiety disorder、social phobia）：因社交情境所致的强烈害怕与焦虑。

（5）恐慌症（panic disorder）：反复、无预期地恐

慌发作。恐慌发作是一种突然的强烈害怕或身体不适感，在数分钟内这种不舒服就会达到最厉害的程度。

（6）惧旷症（agoraphobia）：在两个以上的情境中会感到强烈的害怕与焦虑，这些情境包括使用大众运输工具、在开阔的空间中、在密闭的空间中、在队伍或人群中，或是独自一人在外。

（7）广泛性焦虑疾患（generalized anxiety disorder）：就是对什么小事都担心，没有特别焦虑的单一对象。

（8）物质/药物诱发的焦虑性疾患（substance/medication - induced anxiety disorder）：抽烟、喝酒、喝咖啡、喝茶，也可能造成焦虑性疾患。

（9）其他医学性状况造成之焦虑性疾患（anxiety disorderdue to another medical condition）：内科疾病也会造成焦虑性疾患。

（10）其他特定的焦虑性疾患（other specified anxiety disorder）。

（11）未注明之焦虑性疾患（unspecified anxiety disorder）。

焦虑症如何治疗

焦虑强度发展成为病态时，就需要多管齐下的解方。有些可以很快缓解，有些可能要长年奋斗。切记，只要努力面对，一定会有效果！

焦虑症在自助治疗上，可以运用呼吸、冥想、肌肉放松等方法，使自己身心放轻松。在就诊的医疗方面，分为“药物”与“非药物”治疗。无论哪一种焦虑症都有生理上的病理基础，用药物改善是最快的方法。但长期来说，还是要用非药物治疗的方式，特别是认知行为治疗。

药物治疗：优点是药效快而且症状改善显著，对患者能力和心力的要求比较少，门诊所需投入的时间也较少。缺点是药物的副作用、患者的负面观感（被贴标签是精神疾病）、依赖药物或对药物上瘾、停止治疗后复发的概率较高。

认知行为治疗：优点是没有副作用，患者本身可通过获得的新技能来控制焦虑情绪与生理反应，而不是依赖药物，有长期的治疗效果和低复发率。缺点是花费的时间和心力多、症状改善的速度较慢、回家作业费时、暴露治疗（让患者一次次面对他所畏惧的对象、情境，以逐渐练习出耐受能力），很辛苦且中断治疗的概率较高、门诊时间成本较高。

合并药物与认知行为治疗：这是最有效率的治疗方式，也就是以药物来迅速改善生理和情绪反应的强度，再通过认知行为治疗逐渐学会新技巧，一步步改善自己对焦虑的反应。

| 小 | 常 | 识 |

认知行为治疗

对疾病的教育：

(1) 让患者知道自己得了哪一类型的焦虑症，怎么去处理它。

(2) 了解生理、思考、行为和身体症状的交互作用。

(3) 提供网络资源、患者手册来教育家属。

(4) 增进患者对于焦虑及焦虑疾患的认识。

(5) 提高对所患疾病及建议治疗的接受度。

练习放松技巧：

让患者学习暴露法：

(1) 不同的焦虑症有不同的暴露方式。

(2) 伴随足够高的焦虑度，才是有效的暴露（所以过强的镇定剂会使得焦虑被完全抑制，而失去暴露的效果）。

第三章

焦虑症家族

焦虑症形形色色，是慢性化且对生活品质有巨大冲击的疾病。

不要只靠药物，但也不要太拒绝药物，结合药物、心理治疗、抗焦技巧的学习，与焦虑症来个坚勇奋战吧！

广泛性焦虑症

小困惑：“我常常处在高度紧张中，找不到原因也没有办法控制，容易为小事担忧。原来，头痛、下背痛是因为想太多，甚至胸闷、心悸、手抖、无力、注意力不集中、健忘、脾气大……都是因为我‘太烦躁’了。”

案例

明明没有压力，但总是在烦躁

六十岁的林太太经由骨科转介到精神科就诊。林太太常常觉得肩颈酸痛、下背痛；原先以为是长骨刺导致的，但X光看起来没问题，复健的帮助也不大。医生判

断应该是情绪失调造成肌肉长期紧绷，导致这些酸痛症状，于是介绍她去看精神科。

医生询问林太太生活上有没有什么压力时，林太太表示一切都很好：房子是自己的，没有房贷；夫妻感情不错，常一起出门爬山；儿女都已成家立业，还帮她添了几个孙子呢。

看着林太太紧皱的眉头，医生再问她平常都在担心什么。这时林太太表示担心的事情可多着呢，例如，担心儿子开车上班会不会出意外、女儿没打电话来是不是出了什么事、明天和朋友聚餐会不会迟到、家里会不会遭小偷……很多琐碎事，讲都讲不完。林太太表示其实自己不愿想这么多，但没办法控制。

解析

这就是很典型的广泛焦虑症患者。压力会造成焦虑反应，但“广泛性焦虑症”患者不见得有明显或特定的压力源，压力多半是自己造成的，因为就是忍不住会过度担心许多事情。由于没有特定的压力事件，焦虑是在

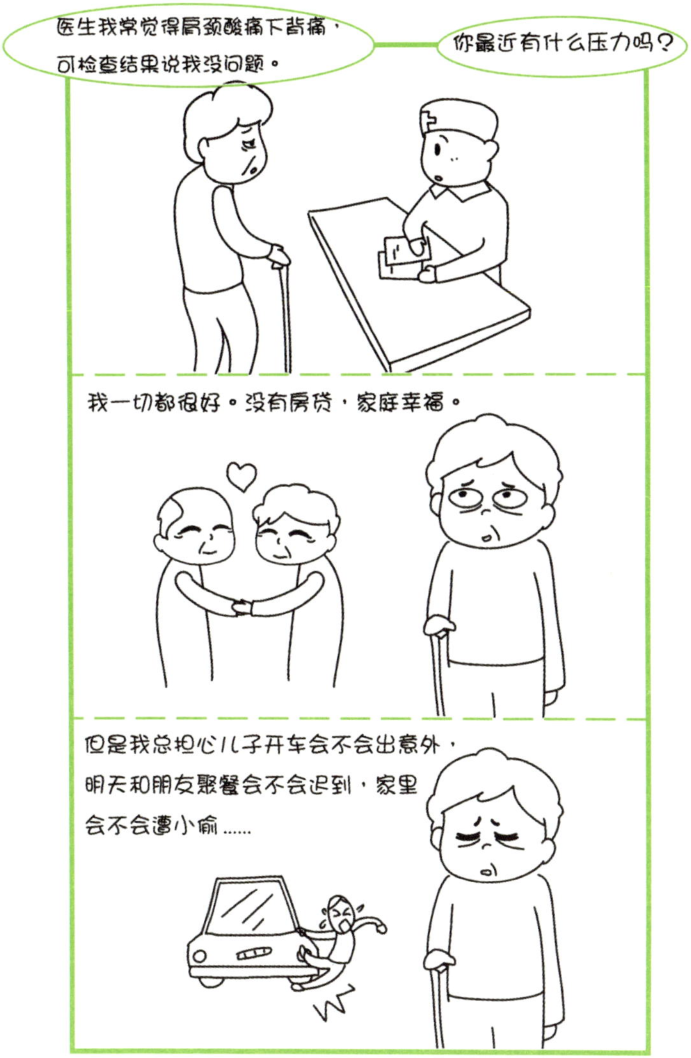
医生我常觉得肩颈酸痛下背痛，
可检查结果说我没问题。
你最近有什么压力吗？
我一切都很好。没有房贷，家庭幸福。
但是我总担心儿子开车会不会出意外，
明天和朋友聚餐会不会迟到，家里
会不会遭小偷……

不知不觉中发生的，因此患者无法将身体症状与认知症状联结到情绪体验，往往先感受到肌肉紧绷、自律神经失调、过度警觉等症状，而没有察觉到情绪问题，所以会先去看其他科医生。所以患者常常已患此病达十年以上，才来看精神科，是不知不觉中长期累积的问题。

广泛性焦虑症的终生盛行率约为5%，女性与男性罹患的比例是二比一，是第三常见的精神疾病，仅次于抑郁症和酒精依赖。它常常合并其他的精神疾病，包括其他类型的焦虑症、抑郁症、物质滥用等。

症状与诊断准则

广泛性焦虑症的核心症状为：持续六个月以上对于许多事情过度地焦虑及担忧，虽然自己知道这些忧虑是过度的，但就是很难控制。常会伴随以下症状，例如，感觉烦躁、容易发脾气、时常感到疲倦、不容易集中注意力或经常恍神、肌肉紧绷、睡不好等。

治疗

1. 认知行为治疗

（1）认知治疗上：了解并改变自己对事情的看待方法，想想自己是否有认知的扭曲——倾向放大事情的严重度、往坏的结果想、无法正确评价自己的判断。

（2）行为治疗上：以肌肉放松法、生理回馈法，去控制焦虑产生的症状。

2. 药物治疗

选择性血清素再回收抑制剂、血清素——正肾上腺素再回收抑制剂、抗焦虑剂。其中最优先的选择是俗称抗郁剂的“血清素再回收抑制剂”，长期使用不会有依赖的副作用；因为此类患者的病程一般都非常长，而且治疗暂停之后复发的概率很高，治疗暂停一年内有九成的患者会复发，建议要长期服药，维持治疗。

恐慌症与惧旷症

小困惑：“我的身体突然非常不舒服，这让我惊恐、慌张，觉得自己快要死了，不知道该怎么办？从此以后我都很留意身体的任何不适，担心最坏的结果，就这样恶性循环……”

案例

伴随惧旷症之恐慌症

李太太今年四十五岁，一向身体很健康。某天平常的下午，李太太在家里突然觉得胸口很紧、心脏怦怦地一直跳、喘不过气、头晕，非常不舒服。李太太从来没有经历过这样的感觉，而且她发现状况愈来愈严重！

她想到心肌梗塞过世的老伴，觉得自己好像正经历同样的过程。她按着胸口，极度害怕自己就要死了，不知道该怎么办。家里没有人，她紧张得发不出声音，没有办法移动，只能坐在沙发上等。煎熬地过了半个小时，症状才慢慢缓解。

李太太立刻挂急诊接受详细检查，报告都很正常。但是她仍然非常担心，一定是身体哪里出了问题。一个星期后，她又再一次经历相同的感觉，她相信自己一定患了某种严重的心脏病。

随着症状反复出现，李太太不断地看医生、看急诊。虽然医生都说她很健康，但她没有办法放心。渐渐地，李太太避免做激烈的运动，甚至不爬楼梯了。她总是待在随时可以寻求协助的地方，避免搭乘公车、捷运，不去拥挤或空旷无人的地方，她担心在这些地方，如果突然心脏病发会来不及就医（等于同时出现惧旷症的反应）。李太太只能待在家里，而且需要有人陪伴，以免“心脏病”发作了，没人送她就医。

一年后，在家人的劝说下，李太太到精神科就诊，诊断为“伴随惧旷症之恐慌症”。在药物治疗和不断的认知重建下，类似的症状不再发作，而且她也慢慢了解了这只是一种焦虑的表现，不是身体的问题。她不用再为心脏不适而整天提心吊胆了。

恐慌症（panic disorder）

1. 解析

恐慌症通常是无预警出现的。患者突然出现极度焦虑，以身体症状为主，说不出为什么，但就是感到有什么恐怖的事情即将发生。恐慌发作常常是突然且没有原因的，来得快也去得快，在十分钟内不舒服的感觉达到顶点，一般不会超过半个小时。发作后觉得非常疲倦且精疲力竭，是一种失控且无法理解的体验，而且会反复发作。

恐慌症的特点：预期性焦虑和灾难化思考，持续害怕，担心随时有另一次发作及不好的后果，所以发作后会有一连串的思考与行为改变（逃避反应），包括担心

为什么我感觉身体这么不舒服，
报告显示的却是都很
正常？
我害怕我出事了没人发现，我决定只呆在家里。

会有急性心肌梗塞、中风，甚至死亡等身体后果，担心失控、发狂等心理后果，担心发作时的难堪、羞愧等社交后果。

根据调查，一个人一辈子会得恐慌症的机会是1% ~ 4%，女性比较容易，是男性的1.5 ~2.5倍，而且更容易合并惧旷症，是男性的2.5 ~4倍。此症常发病于二十几岁，平均年龄25岁，第一个高峰是15岁到24岁，第二个高峰是45岁到54岁。患者有如下的认知和行为模式：

灾难化思考：恐慌症状之一是“窒息感”，引导出灾难化思考——“我一定会缺氧晕倒，甚至因此中风、四肢瘫痪成为废人……”，因此病患会赶快到医院就诊。

惧旷的思考模式：为了避免窒息感，病患会有惧旷的思考模式，避免去无法求助的地方，时时需要新鲜空气以避免窒息感，不能待在狭小的空间，也不能坐电梯、待在办公室、搭交通工具，最后甚至无法出门、无法上班。

行为改变：为了避免喘不过气，因此不能做运动、衣服领子不能太紧，一有“窒息感”立即去医院，变成一种逃避行为的恶性循环。

2. 症状

恐慌发作来得快去得也快，常常在十分钟内达到最严重的程度。

在这段期间内，会感受到身体极度不适，并且有强烈害怕失去控制的感觉。患者往往会体验到许多身体的症状，包括心悸、胸闷或胸口不适、呼吸困难、恶心或肚子不舒服、流汗、皮肤感觉麻木或刺痛、全身颤抖、头晕或站立不稳等。

除了身体症状外，在心理上会有失去现实感或失去自我感、对于可能失去控制或突然发狂的恐惧，以及强烈害怕可能死亡等症状。

3. 诊断准则

恐慌症为反复出现“非预期性”的恐慌发作，也就是面对没来由的、没有遭受显著压力的事情，却仍然出现恐慌症状。而且因为恐慌发作时所经历的恐惧体验，在发作后会有相当长的时间（一个月以上），持续担心未来是否会再次发作，或担心发作时的不适是否已造成伤害或后遗症，这些害怕也可能以行为改变的方式表

现，例如，常常反复就医，做不必要的身体检查。

值得注意的是，有些生理疾病也可能诱发恐慌症发作，常见的有甲状腺机能亢进、心律不整、前庭功能失调、二尖瓣脱垂、复杂部分性癫痫、低血糖。较不常见的有副甲状腺机能低落或亢进、嗜铬细胞瘤、肺栓塞、电解质不平衡、库欣氏症候群、停经。

|小|常|识|

恐慌发作和一般焦虑反应的差异

	恐慌发作	一般焦虑反应
发作	突然、意外	逐渐发生
达到焦虑顶峰	快（十分钟内）	较慢
身体症状	非常显著	不一定显著
灾难化思考	典型且显著	较不典型，且不显著
行为反应	立刻逃离	延迟的逃离，回避
总体持续时间	相对较短	不一定，一般较长

惧旷症（agoraphobia）

1. 解析

反复恐慌症发作有造成惧旷症的倾向，约有一半的恐慌症患者会发展成惧旷症；不过也有惧旷症患者没有体验过恐慌发作。

惧旷症的主要症状是：因为担心在恐慌发作而必须逃离或寻求协助时，身处某些情境会造成困难或尴尬。因此患者会害怕、回避一些情境，例如，独自在外、搭乘大众运输工具、置身于空旷处、电影院排队的队伍、商店或人群中等。若必须处于畏惧的情境时，患者需要使出全身力气才能勉强忍住、耐受。

患者之所以有逃脱或需要获得协助的焦虑，是来自双层的过度担心——既担心恐慌发作，也担心发作时会晕厥、发抖、四肢无力等而造成尴尬的局面。

2. 惧旷症害怕的场景

（1）单独一人在安全区域外：独自出门、独自旅

行、独自出差、独自开车、独自在家等。

（2）发作时可能困难或无法逃离的地方：拥挤的场所、行进中的火车或公车、飞行中的飞机、高速公路、地铁、电梯、隧道、桥梁等。

（3）逃离时可能显得笨拙或尴尬：公众场所、餐厅、社交集会、发廊或牙医看牙时、戏院、购物中心、排队时、超级市场等。

恐慌症与惧旷症的治疗

惧旷症往往会伴随恐慌症而来，这两者多半是一起治疗，治疗方式也大同小异。

药物治疗的同时，还是要搭配认知行为治疗，才容易消除残留的症状。

1. 药物治疗

恐慌症与惧旷症很容易慢性化，常需要长期治疗。一般先以药物来缓解症状，最常使用抗郁剂——血清素再回收抑制剂。急性期则以高效镇定剂、抗焦虑药为主，疾病缓解后仍应维持治疗至少半年至一年，才能降低复发率。

2. 认知行为治疗

（1）练习辨识特定症状，试问自己是否有“灾难化认知”的倾向？是否有自然而然把事情想得太糟的“自动化想法”？是因为这样而引起身体过度敏感吗？

（2）如何辨识是“灾难化认知”呢？要挑战自己的想法：

A. 我找得出支持这种“灾难化想法”的证据吗？譬如担心发作会死，但是明明恐慌发作很多次都没死，所以没有证据支持发作了就会死。

B. 对于自己身体的感觉和症状，试着提出替代的、正常的解释。譬如了解什么是自律神经失调，下次发作时，告诉自己这只是自律神经失调而已，很快就会过去的，不要太担心。

C. 分析出灾难化认知的益处和坏处。愈相信自己，灾难化认知就会愈少出现。

（3）可使用“行为实验”，来支持“替代解释”是对的，方法如下：

A. 诱发某特定症状：譬如恐慌症会头晕，可以故意试着憋气，几秒钟之后，就会感到不舒服、快喘不过气、头晕等类似恐慌症的不适，于是知道头晕不代表会中风，以后再感到头晕时，就可以用替代想法安慰自己："头晕只是不舒服而已，不是中风的前兆"，慢慢练习放松情绪，克服灾难化思考。

B. 不采取回避行为：在一次发作时，刻意不要赶往医院，让恐慌自然过去，就会更相信"恐慌发作不是身体出问题""恐慌发作不会死""恐慌发作只是难受了点儿，但一下子就过去了"。

（4）暴露治疗：可采取渐进式暴露法，从简单的做到困难的。步骤如下：

A. 建立惧怕情境的阶层表。例如，较简单的是独自到门口散步，较困难的是独自出门到超级市场购物。

B. 由焦虑度低的情境开始暴露、渐进式的练习；使用"焦虑控制"技巧。

C. 借由比较暴露前后的焦虑度获得该情境不可怕的证据。

例如，去超级市场前就感到这个地方实在太可怕了，焦虑度达 90 分，但实际上真的去到那里，使用放松技巧后，焦虑度只有 20 分，于是就知道超级市场不如想象中恐怖。

D. 简单的情境练习成功之后，再挑战焦虑度更高的情境。

当恐慌来袭，就等在那儿接受它，不要逃避，只要等待，它会自己过去的！

特定对象畏惧症

小困惑：“我只想生活在自己的理想世界中，没有我惧怕的东西，没有蛇、闪电和飞机，啊！多么美好的世界。下雨不出门就不会看到闪电，不出国就不会搭飞机，没有这些畏惧的事物，世界多美好。每当不得不进入外面的世界时，我总是带着恐惧和紧张，迫不及待地想回家，我无法离开我自己的小世界啊！”

案例

畏惧与飞机有关的一切事物

三十二岁的王先生在外商公司工作，他富有创意并且认真负责，拥有杰出的外语能力，是公司内不可多得的人才。但他必须刻意隐瞒一件事，不能让上司知道，

我只想生活在自己的理想世界里，
没有我惧怕的东西，比如闪电……
暴露法：
越害怕就越要面对它、

因为从来没出过国的他，对搭飞机有着很强烈的恐惧感。

他记得小时候看到空难新闻时的感受，没有比那种无法预期、剧烈和不可挽回的灾难更可怕的了。当高中同学提议要去巴厘岛毕业旅行时，他的胃就开始翻滚；他想到的不是巴厘岛的明媚风光，而是种种和空难相关的细节。当他提着行李到机场时，已经冷汗直流。准备出关时，强忍的恐惧终于爆发，他摇摇晃晃站不稳，胃里的东西从嘴巴翻涌而出，他当下就决定放弃毕业旅行。

从此以后，王先生回避任何有关“搭飞机”的话题。他不喜欢看让他想起飞行这件事的旅游节目，就连听到飞机场、到机场的快速道路、到机场的客运等字眼，都会感到不适。他知道自己的害怕没有道理，但只要不坐飞机，他的生活和一般人无异。

解析

每个人生活中多少都有害怕的事物，如果由一般的害怕逃避，发展到严重影响生活的程度时，就成了畏惧症。

美国行为学派学者约翰·华生（John B. Watson），有一个著名的制约反应理论“小亚伯特实验”（Little Albert），可用来理解“特定对象畏惧症”。这个实验是让9个月大的小亚伯特看到“小白兔”时，同时制造“大声的噪声”惊吓他，反复多次后，小亚伯特每次看到小白兔，就算没有噪声，也会有惊吓哭泣的畏惧反应。

所以特定对象畏惧症所畏惧的，不是只限于对象本身（如噪声），而是扩展到与畏惧对象相关连的任何事物（如小白兔）。

某天，公司通知王先生升职，并且负责一个对外的部门，出差是无法避免的。王先生对于晋升感到喜悦，但这个兴奋似乎无法盖过对于飞行的恐惧。辗转难眠几个晚上后，他辞去了这个职务。虽然生活回归平静，但他下定决心要寻求方法，彻底解决“畏惧飞行”的问题。

造成特定对象畏惧症的原因，主要是过度担心受到伤害，譬如飞机可能会掉下来、蛇会咬人等。还有口口相传（媒体）的力量，譬如一直听到“艾滋病会传染而且没有药医”这样的讯息，就会很害怕接触艾滋病人。

在行为上，患者越是逃避所畏惧的对象，害怕就越会不断增强。在认知上，一直想着如何避开这些畏惧的东西，拟定逃离计划去回避相关情境，反而更加强了对这些东西的害怕。原本只是一般的害怕，逐渐地变为一发不可收拾。

此外，遗传的生理因素也会造成畏惧症，如“畏惧打针”，研究显示此类患者往往有直系亲属也有类似情况。

畏惧对象与畏惧反应

1. 畏惧对象

患者所畏惧的对象，常常也是一般人会感到不适的物体和情境。包括：

（1）怕动物：蛇、蜘蛛、昆虫等。

（2）怕自然环境：水、高度、暴风雨。

（3）怕血：打针、伤害、伤口、侵入性医疗。

（4）怕某些情境：大众运输工具、隧道、桥梁、电梯、飞机等。

特定畏惧症的患者，只要不看到害怕的东西，平时都能过得很好，但是总有些时候不得不去面对，甚至影响生活与工作了，患者才有动机去接受治疗。

2. 畏惧反应

（1）生理反应：焦虑和交感神经兴奋，可能带来身体不适。

（2）行为反应：逃避、再逃避。

（3）畏惧血、打针的伤害时，会产生“血管迷走神经反应”：低血压、晕倒和恶心感等。

畏惧症是很常见的焦虑症，终生盛行率为8.8%～12.5%，女性是男性的两倍，大部分的人未寻求协助。平均发生于十三岁至十七岁之间，最常惧怕的是动物、血、打针，但多半在幼童时期发病，长大后就不怕了。

惧怕自然环境则多半较晚发病，二十岁左右，譬如害怕搭飞机等。幼童时期发病的畏惧症，常常是暂时的，到了成年往往就会消失，但成人的畏惧症往往会伴随很长的时间。

诊断准则

特定对象畏惧症的特色为持续强烈地害怕某种特定物体或情境，虽然自己能了解这个畏惧反应是不合理的或过度的，但没有办法改变害怕的情绪。

个案在行为上有明显的逃避反应；如果必须暴露在所惧怕的对象面前时，会出现强烈的焦虑反应，甚至可能会达到恐慌发作的程度；畏惧反应必须严重到造成个案显著的痛苦，并且影响生活及功能。

治疗

对于此症，药物不是有效的治疗方式，最重要的是行为治疗：

（1）暴露法：愈害怕就愈要面对它。可采用：

①洪水法：直接面对所畏惧的对象，重复暴露在真实情境，以证实该对象是无害的，借此停止恐惧。

②系统性减敏感法：逐步面对畏惧对象，有计划地、渐进地去靠近并接触害怕的物体。如学习肌肉放松加上想象，遇到畏惧对象时，以新学到的放松法来应对。

（2）快速眼球转动脱敏与重建（eye movement desensitization and remodeling，EMDR）：

这也算是暴露方式的一种，是用快速眼球转动来整合害怕的经验。眼球跟着治疗师的手左右来回转动，心中想着害怕的物体/情境，直到焦虑反应下降。

（3）催眠：

运用催眠技巧，帮助患者在面对畏惧时，能提升可以忍受的程度。

特定对象畏惧症，吃药没什么效果，采取“暴露法”，让自己慢慢地靠近、面对所害怕的对象，才是最有效的治疗。

社会畏惧症

小困惑：“大家都说我很害羞。应该是吧，但这样的害羞会不会太极端呢？我从来没有和异性说过话，毕业后希望能找个一个人的工作，比如说灯塔管理员之类的。其实我也觉得很困扰，但害羞的我实在是无法开口寻求帮助啊。”

案例

上台报告、外出、交谈都成为焦虑的来源

24岁的张先生，是俗称“社会畏惧症”或“社交焦虑症”的患者。他在学生时代就深受困扰。每次要上

台报告之前都非常紧张，以至于常常没有办法上台。在少数几次上台的体验中，他觉得台下每个人都在注意他，然后开始担心自己的站姿不雅观，讲话有点儿结巴，觉得自己表现不好的地方都被台下人看在眼里，大家一定认为他的报告很差，希望他赶快下台，虽然只是自己在脑海里认定别人可能有那些看法，但是当他这样想时就会焦虑到说不出话来，甚至讲两三个字就开始结巴，也因为这样，他更相信自己做不来。于是每次上台报告，最后都以失败收场，让他完全没有信心。

他的社交焦虑并不只在上述场合，在搭乘大众工具或外出用餐时，他也总是很注意自己的言行举止，很担心自己任何动作看在别人眼里都是不雅的；去餐厅用餐时，他甚至担心夹菜掉落食物而出糗。因为在社交场合都会感受到非常强烈的焦虑，以至于他开始回避，到最后他干脆不出门了。也因此他从来没有跟异性说过话，因为太在意对方的评价，他始终相信自己表现不好。

很勉强从学校毕业之后，他也没有做过任何工作，因为求职时跟上司或权威人士说话有困难，也没有办法跟人相处，只能待在家里。

家人觉得这样下去不行，带他来看病。但看病对他而言也是很大的焦虑，他一进诊室坐下来，便开始颤抖，坐立不安，这是他的焦虑反应，但这反应让他在别人面前表现更不好，变成恶性循环。就诊期间，他也常常失约，因为从出门到医院，他都觉得举步维艰，不能来门诊也成为他疾病的一部分。

解析

"社会畏惧症"的患者可说是社会边缘人，无法走入人群。患者甚至会想找没有人的工作环境，譬如灯塔管理员，对社会的畏惧强烈到如此程度。这类患者很担心别人发现自己行为失当，因而出糗或困窘。

这类患者女性较多，但求助者中男女比例相似。一般在青少年时期发病。患者不只个性害羞而已，也造成显著的功能损害。在美国，终生盛行率为2.4%～13%，亚洲国家的盛行率较低。

患者的焦虑情境主要有两种，第一种是"操作焦虑”“表演焦虑”（performance anxiety），例如，公开演说、在他人面前进食（怕筷子拿不稳）、在他人面前写字（怕写不好被嘲笑）。第二种是“社交场合的焦虑”，例如，与人约会、与长辈交谈、向陌生人问路、参加宴会等。

患者面对焦虑情境时，会产生“逃避”的行为反应与“适应不良”的认知模式，而开始有焦虑反应——对自己挑三捡四、预设别人的立场和看法、灾难化思考等——也因此对自己更没有信心，造成恶性循环。

针对张先生这个个案，治疗的重点是如何让他来医院看病，这也是治疗上很大的挑战。因为平常出门都很困难了，更何况要到医院看病！治疗策略是通过认知行为治疗的方法。刚开始先给他足够的心理支持，让他对医院这个地方放心；然后很实际地一步步教导他从家里来医院的路上，可能会碰到的困难，以及要用什么样的想法让自己能够撑过这些困难。

譬如搭地铁来医院时，在地铁上可能会觉得大家都在看他，这时候要训练他告诉自己：“每个人都有自己的事要做，不可能都在看着我。”接着则是：“恐惧都是自己想象出来的！”“别人就算看到我，也不会觉得我表现很奇怪，是我自己太过度担心”。

就算通过认知思想的重建，张先生还是很难控制焦虑感，因为这焦虑已经跟着他大半辈子了，因此必须加上药物治疗，以抗抑郁药与镇定剂为主。镇定剂可以很快降低他的焦虑程度，但是长期使用对身体并不好，因为张先生的问题不会在很短期内得到解决，所以加上抗抑郁剂，可以成为往后一段时间内，降低焦虑的主要药物治疗方式。

经过一年的治疗，张先生可以出门去应聘工作，即使还没有找到工作，对他来说也已经是很大的改变了。只不过治疗结束后，他还是无法跟异性说话。

诊断准则

社会畏惧症的核心恐惧为“害怕在社交情境或某些其他状况，被别人发现自己行为失当或显露出来的焦虑症状”，因为一旦其他人（尤其是不熟识的人）注意到

这些情况，就会感到非常尴尬和羞辱。

患者虽然明知这些害怕是过度或不合理的，但仍然会尽量回避所害怕的情境，否则会出现强烈的焦虑反应。而畏惧所带来的焦虑和痛苦，必须严重到影响个案的生活以及功能。

治疗

跟“特定对象畏惧症”不太一样的是，社会畏惧症可以用药物治疗，而且非常有效；当然，认知行为治疗也是不可或缺的治疗元素。

1. 药物治疗

（1）抗郁剂：选择性血清素再回收抑制剂、血清素——正肾上腺素再回收抑制剂。

（2）镇定剂、抗焦虑剂。

（3）乙型交感神经拮抗剂：表演/操作焦虑者服用后，暂时的焦虑感会下降。

2. 认知行为治疗

（1）认知重建：现在社会对人际关系的要求很高，

所以社会畏惧症这个议题愈来愈受到重视。患者通过种种扭曲的认知和价值判断，将社交情境想象成别人不断用放大镜检视自己的缺陷，形成恐惧体验。因此，重建客观和正向的认知能有效降低焦虑。

（2）暴露法：勇敢面对社交情境，不再逃避。

依照不同的状况来使用不同的药物，可以有效地治疗社会畏惧症。

强迫症

小困惑：“别看我常常洗手，其实我不是那么爱干净的人；我的房间算不上整洁，包包也常塞满杂物，但我就是无法不去注意手上的脏污。我觉得很困扰，理智上我知道手并没有脏，但不洗一洗就是难受。”

案例

强迫“预防艾滋病的传染”

蔡先生刚从部队退伍。因为担心自己会得艾滋病，最近天天都到医院抽血检查；只有拿到“正常”的检查报告时，他才能感到片刻的安心。

蔡先生知道艾滋病毒会通过血液和体液传染，所以尽可能避开所有传染的机会。搭乘地铁时，他会先看看座位上有没有红色斑点，还要确认刚离开这个座位的人看起来不是个“私生活混乱”的家伙。他随身携带湿纸巾，在转门把前，总是要小心地擦拭三次。最近他发现手背有一个小小伤痕，而昨天他刚好碰到一位亲戚，虽然很无礼，但他还是问这位亲戚是否有艾滋病，尽管得到的是否定答案，他还是忍不住要求那位亲戚去抽血检查是否为艾滋病携带者。

蔡先生一直想办法预防艾滋病的传染，虽然他知道不合理，但这个担心让他紧张到什么事情都不能做，除非有一些“措施”可以确保传染的风险为零。他发现自己必须提防、注意的细节愈来愈多，逐渐地他成为别人眼中的怪咖，没有人愿意与他来往。蔡先生很无奈也很沮丧，只好把自己关在家里，不知道未来怎么办。

解析

强迫症的症状特色包括“强迫意念”（obsessions）与“强迫行为”（compulsions）。

1. 强迫意念

反复而持续的思想、冲动或影像。某些时候，这些想法会突兀地出现在病患的脑海中，无法忽略，造成明显的焦虑与痛苦。譬如担心开车会撞到人，这个影像太困扰了，就决定不开车。患者也会企图忽视或压抑这些思想、冲动或影像，或者试图以其他的思想、行为来抵消它。

这些强迫性思想、冲动或影像虽然突兀，但是自己心中所产生的，而不是从外面强行插入的想法，这点不同于精神分裂症患者的“意念插入妄想”。

2. 强迫行为

通过仪式性的行为，改变强迫意念带来的焦虑。最常见的症状是一直洗手。

患者会有重复的行为或心智活动（如计数、重复默念字句），这是来自强迫意念的反应，或是依据某些必须严格遵守的规则，务必要执行，不做就会很痛苦、很焦虑。这些行为或心智活动是为了避免或减少痛苦，然而行为和所想抵消、避免的事物之间，未必有现实的关联性，或者在程度上明显超过，而呈现病态反应。

强迫症是近代突然增多的一种病症，在 1980 年之前，强迫症非常少见，它的终生盛行率在 1.9% ~2.5% 之间，女性稍微多一点点；平均发病年龄为 20 岁，男性提早一些。强迫症属于慢性疾病，症状内容可能随时间改变，有段时期可能怕脏，下一段时期可能变成担心门窗没锁。仅有二成至三成的患者能完全缓解，二成至四成的患者几乎没有改善，少数患者为阵发性。这是个很辛苦、对生活品质影响巨大的疾病。

强迫症可能会合并发生妥瑞氏症、抽动症等疾病，并有三分之一患者会合并抑郁症。

常见的症状

症状	表现	对应的强迫行为
怕受到污染	怕脏、怕细菌、怕毒素、怕传染病	清洁→洗手
病态怀疑	担心因自己的疏忽而发生不好的后果：瓦斯没关、门窗未锁	反复检查
关于性及攻击的强迫意念	害怕自己会攻击别人或性骚扰别人	检查、寻求再保证、告解、自首。虽然根本不可能真的攻击或伤害别人，可是不完成这些强迫行为会让患者很难受、很焦虑
强迫性的心智活动	心中默数、祷告	通过某种强迫行为，来降低强迫意念的焦虑
其他	收集行为，要求对称、精确等	

诊断准则

强迫症的核心症状为强迫性意念或强迫性行为，不必要两者同时发生。在某些情况下，个案可以了解自己的强迫性意念是不合理的（有病识感），但没有办法不去这么做。这些症状带来明显的痛苦，个案需要花费大量的时间（每天超过一小时）完成强迫行为，所以生活和功能严重受影响。

治疗

1. 药物治疗

愈来愈多的证据显示，患者的生理因素的确有问题，并在强迫症中扮演重要角色。所以这不是单纯的焦虑症，而是脑部的确发生了一些变化。这也是强迫症从焦虑症中移除，变成独立诊断的原因。

（1）首选：高剂量选择性血清素再回收抑制剂。

（2）三环抗忧郁剂（clomipramine）、血清素—正肾上腺素再回收抑制剂。

（3）合并治疗：选择性血清素再回收抑制剂加上其他治疗方式（行为治疗、抗精神病药、情绪稳定剂等）。

2. 行为治疗

行为治疗对强迫症很重要。因为患者为了抵抗焦

虑，会不断地进行强迫性与仪式化的行为，这是一种逃避焦虑反应的方式，反而使人更无法对抗强迫意念。因此，行为治疗上也要用“暴露”的方式，勇敢面对焦虑，也就是禁止仪式性的行为（强迫行为），而要直接暴露在强迫性意念的焦虑里。

进行时，要先了解并列出自己所有的强迫性症状；找出诱发因子，依焦虑程度将这些强迫症状分级排列，然后由易入难，逐步进行。若只有强迫意念（心中的想法），那就一直大声地念出来，直到焦虑减轻为止。

常常练习是很有效的。虽然随着治疗的进行，强迫性意念仍然还在，但焦虑程度会逐渐好转。

创伤后压力症候群

小困惑：“我永远活在这件事情的阴影之下。可以说，我一直在重复经历这件事情。”

案例

家暴的创伤后压力

四十多岁的吴太太，二十岁出头就结婚了，没想到先生竟然经常酗酒，还动手打她。有一次他下手完全没节制，她怎么求都没用，以为自己会被打死，后来伤势严重，送到急诊室治疗。

经历这么恐惧的体验后，她变得非常敏感，只要看到先生手举起来就莫名害怕，听到喝酒或跟酒精相关的

字眼，也会不自觉地恐惧，做梦梦到被先生殴打，走在路上偶尔浮现惨遭殴打时的害怕感觉。那段时间她睡得非常不好，情绪很不稳定，没有办法工作，必须请假在家休养。随着时间过去，十几年来，先生对她的态度慢慢变好，这些问题也随之消失了。

但是一个月前，先生又喝醉酒打她，她回想起当年的体验，非常恐惧，无法再忍受下去，就冲出家门去报警，这次警察来家里了解状况。因为家暴问题，她接受安置在其他地方，没想到回家时，竟然看到先生在房间上吊自杀！这个非常可怕的体验，矛盾伴随着非常强烈的内疚感，使她在接下来的日子里，除了常梦到被先生殴打之外，也常梦见先生吊死在房间的情景。她完全没有办法集中注意力，莫名地紧张，失眠，坐立不安，生活中大小事情都没有办法处理。后来她开始觉得自己好像跟世界脱节了，譬如在教小孩功课、打扫房子时，常觉得整个人空掉了，她明明在家，但是对家却非常陌生，世界跟以前不一样了，但又说不出来到底是哪里不一样，别人看她觉得她常常恍神，过着行尸走肉般的生活，后来朋友建议她来精神科就诊。

解析

创伤后压力症候群，是指在经历重大的创伤事件后，出现重复体验创伤事件的感受、逃避行为、情感麻木、过度警觉等一系列症状，因此造成人际与社会功能的障碍。

创伤的经历，是指曾目击、体验，或被迫面对创伤性的事件，从而威胁到自己、他人的生命或身体的完整性，甚至直接造成他人的死亡或严重的身体伤害。最常见的是战场上的士兵，目睹同胞遭到射杀受伤，或自己曾濒临死亡。当下的情绪反应包括强烈的害怕、无助感或恐惧感。

创伤是人类生命常见的现象，冲击了对于安全、控制和免于痛苦的理想。创伤主要分为外在体验与内在体验，外在体验包括虐待、性侵、打仗（如波斯湾战争）、自然灾害、意外事故、恐怖攻击等；内在体验包括恐惧、失去控制、无能为力、信任感的摧毁等，而内在体

验往往又是最难修复的创痛。

近二三十年来，创伤后压力症候群成为临床重要的议题，一般人终生盛行率为1%～8%。但是同样的创伤事件，对每个人却有不同的意义，因此创伤对个人的意义决定了创伤反应的程度。而某些人的体质因子也容易形成创伤后压力疾患，包括小时候的创伤体验、人格违常、女性、支持系统薄弱、对于创伤事件感到无法控制的人，比较容易发生。

在症状上，患者常带有内疚、受辱和绝望的感受，会焦虑、抑郁、假性幻觉、解离、可能变得冲动或暴力、较易使用酒精和物质来麻痹情绪。人体有自愈的能力，五成患者一年内会复原，老人与小孩的复原状况较不理想。患者在创伤后，有显著的生理变化，特别是下视丘——脑下垂体——肾上腺的内分泌系统异常，因此“创伤后症候群”也从焦虑症中独立出来，变成新的诊断分类。

诊断准则

创伤后压力症候群是指在经历重大的创伤事件后，所出现的严重且持续的焦虑症状；这些症状有时会在创伤事件后又经过了好一段时间才发生。

创伤后压力症候群有三大类核心症状：闯入式再度体验创伤事件、持续逃避与创伤有关的刺激或情感麻木，以及警醒度增加。其诊断准则为：

（1）与创伤事件相关的想法、知觉或记忆可能会突然涌上心头，或是闯入梦境，让患者再次经历事件当时的痛苦感受。

（2）当环境出现与创伤事件有关的讯息时，会感受到强烈的心理或生理反应。

（3）行为上，会尝试逃避与创伤有关联的情境、谈话和感受，甚至情感上会变得疏离和麻木，对于活动和社交的兴趣降低。

（4）情绪上的警醒度增加，变得容易紧张和易怒，睡眠与注意力也受影响。

以上症状往往持续相当长的时间，甚至让人一辈子都无法摆脱创伤后的心理障碍。

治疗

前面提到的个案吴太太，治疗上相对而言比较容易，因为她可以很清楚回想起创伤事件的情节，不像一般患者可能没办法回想起来。

治疗策略第一步是降低个案的焦虑度，所以先用药物治疗；第二步是重建新生活，与个案讨论，从生活中的细节去整合，找回对生活的控制感。吴太太独立照顾女儿，因此应先了解女儿状况如何，协助她照顾女儿。此外，她必须赚钱养家，于是跟她讨论就业问题，帮助她回到职场。在治疗过程中，虽然她还是会为了先生的死感到内疚，但是担心害怕与失眠的状况已慢慢改善。

尽管创伤的体验会随着时间而平息，但是未来如果有什么万一，也可能重新勾起某些创伤感觉。

关于创伤后压力疾患的治疗，仅靠药物是不够的，心理治疗也非常重要，它能帮助患者建立创伤事件所带来的个人意义及价值观，找回内在控制的感受。

1. 药物治疗

（1）对于焦虑、抑郁和自律神经症状比较有效，对于麻木、回避行为没有效果。

（2）血清素再回收抑制剂是很有效的治疗。

（3）其他抗抑郁剂也有治疗效果。

（4）其他：情绪稳定剂、乙型交感神经拮抗剂等。

2. 心理治疗

根据不同的创伤阶段而有不同的策略：

（1）急性处理：譬如地震结束后，给予立即的情绪支持，整合创伤体验，重要的是避免压抑与否认，因为这不利于愈后。

（2）中期：重拾安全感、重建支持系统、情绪调适技巧。

（3）战胜恐惧：要战胜恐惧就得面对它，所以要施行暴露疗法。但是不适合在急性期进行，因为只会导致更严重的创伤体验，让患者受到二次伤害。

一般疾病引起的焦虑症

当我们出现焦虑症状，有时候并不是心情有问题或压力太大，而是由于内科疾病造成的。以下疾病很容易引起焦虑症：

（1）内分泌疾病：肾上腺功能低下、甲状腺机能异常、停经等。

（2）代谢性疾病：低血钾、低血钙、维他命 B12 缺乏等。

（3）心脏血管疾病：心律不整、充血性心衰竭、二尖瓣脱垂等。

（4）呼吸道疾病：气喘、慢性阻塞性肺病、低血氧、过度换气、肺栓塞等。

（5）神经科疾病：帕金森氏症、脑血管疾病、多发性硬化等。

（6）自体免疫疾病。

（7）物质与药物作用：咖啡因、茶、安非他命、迷幻药等。

（8）物质与药物戒断：尼古丁、酒精、镇定安眠药、抗郁剂等。

追本溯源，上述这些由生理疾病引发的焦虑症，只要改善身体状况，焦虑症状就会消失。

第四章

自律神经的失调和调节

失调不是病，是身心失衡的警报。

许多焦虑症病友常因交感神经“备战”过久，引起自律系统的调节失常。

调节方法在于休养生息、放松。

小困惑：“我躺在床上，身体好累，脑袋却一点儿也不累，闪闪跳跳想好多事，无法放松，我愈努力想睡就愈紧绷……”

案例

22 岁的李小姐刚刚大学毕业进入职场。她个性内向，不敢主动和人打招呼，有问题也尽量靠自己解决。同事觉得她有点儿孤僻，不好相处，能力不够，常常出错。李小姐压力愈来愈大，但不知该如何求助。

慢慢地，她开始感到心悸和胸闷，不舒服时完全无法做事。她相信心脏有问题，但看了许多医生、做了许多检查，都显示心脏很健康。某次问诊，医生发现李小姐除了心悸、胸闷外，还有腹泻、手抖、冒汗及头痛，睡眠和食欲也都不好的情况，明显是一整套的自律神经失调症状。

现代人生活紧张压力大，自律神经失调是愈来愈常见的问题。其实，古人也一样，从一则小故事，可以看出压力、紧张和自律神经亢奋有很大的关系。

远在魏晋南北朝，《世说新语》一书中就有一段很生动的纪事：

钟毓、钟会少有令誉。年十三，魏文帝闻之，语其父钟繇曰："可令二子来。"于是敕见。毓面有汗，帝曰："卿面何以汗？"毓对曰："战战惶惶，汗出如浆。"复问会："卿何以不汗？"对曰："战战栗栗，汗不敢出。"

钟毓、钟会两兄弟小小年纪，声誉却不小。13 岁时，魏文帝要求其父钟繇带两兄弟入殿召见。见面时，钟毓汗流浃背，魏文帝问他为何流了这么多汗，钟毓说："因为很紧张，战战兢兢，所以流了很多汗。"魏文帝又问弟弟钟会怎么没有流汗，钟会回答："太过紧张，战战兢兢，连汗都流不出来。"

紧张的时候会流汗，或者手脚发抖、心跳加速，这些都是自律神经的反应。当紧张程度太强烈，自律神经过度兴奋，带来令人困扰的症状，就容易形成自律神经失调。

我躺在床上，身体好累脑袋却一点也不累，闪闪跳跳想好多事，无法放松，我越努力想睡就越紧绷……
2:30

“情绪”问题的警告

自律神经失调肇因于哪里？要从身心关系说起。

从前的医学观，看待疾病多半采用“机械论”，认为是病菌感染，导致细胞、器官出问题而生病；而另一个论调“唯心论”，则认为身体是由意志或灵魂来主宰的。现在则是“心身二元论”，认为心境会影响生理状态，同样地，生理状态也会影响心情，就像罹患癌症时压力自然比较大，心情比较沮丧低落，身跟心是时时互相影响的。

当人感觉“身体不适”，往往是“情绪问题”的警告。自律神经失调、脑神经衰弱、焦虑症都是心情状态影响生理状态而形成“心身症（psychosomatic disorder）”，而这些病症都与压力有关。譬如肠躁症，压力容易导致时而拉肚子时而便秘；或者异位性皮肤炎，在

压力大时就变得比较严重。

|小|常|识|

常见的心身症

心身症是心理和生理因素交互作用的结果。

心身症所引起的症状，常固定出现在某些器官上，容易让该器官发生功能障碍。如果一直没有改善，也会促成器质性病变。常见的有：肠躁症、胀气、反胃、腹痛、胃溃疡、溃疡性大肠炎、克隆氏病、心律不整、高血压、心绞痛、气喘、过度换气症候群、慢性阻塞性肺病、甲状腺机能亢进或低下、糖尿病、异位性皮肤炎、牛皮癣、多汗症、荨麻疹、类风湿性关节炎、下背痛、偏头痛、张力性头痛等。

失调不是病，而是一种状态

自律神经失调时，会经历一连串不舒服的感觉，它不算一种疾病，而是一种身心不平衡所造成的状态。

造成自律神经失调的原因主要与情绪、压力有关。

另外，很多疾病也会影响自律神经的功能，譬如糖尿病很容易引起神经病变。虽然自律神经本身也会产生病变，不过本书主要的重点，还是放在情绪压力对自律神经造成的影响上。

自律神经失调的一系列症状，常常会有某个症状特别严重，尤其是患者比较在乎的地方，例如，心跳不规则，让患者误以为是身体某个器官出了问题；例如，患者的父亲是心肌梗塞过世，那么他就会特别关注心脏的问题，担心会遗传。

自律神经失调的人，通常会先把注意力放在身体的

不适，而不是情绪的困扰上，于是演变成找错医生看错病。虽然身体检查没问题，但不舒服仍然存在，只好不断求医，长时间的挫败造成长时间的焦虑，又让身体症状更加恶化。

病人因为胸闷来到精神科就诊，医生却说是心情不好，患者起初总是很难接受，大都要一段时间之后，才会接受医生的说法，开始正视自己的情绪问题。

当然，身体不舒服是很真实的感受，所以也不能大意，还是要先好好检查身体。若结果是正常，就不需要再四处求医，而是要下决心改变生活状态，降低压力和调整情绪，这才是根本的解决之道。

自律神经失调时，最好改变生活状态，学习减压，才是最好的治疗之道！

医生我觉得胸好闷。
你身体没有问题。
10312
没问题怎么会不舒服？
情绪焦虑，压力的问题____
下决心改变生活形态，
降低压力才是根本解决之道。

自律神经的运作

自律神经是健康管理的哨兵，提醒我们注意自己的身体情况。它包含了两个系统：交感神经系统和副交感神经系统。面对紧张状况时，交感神经系统分泌旺盛，刺激身体的警醒，帮助我们应变；闲暇无事时，则是副交感神经系统发挥作用，帮助我们放松休息，保持体力。正常情况下，这两个系统会自动运作，白天工作时精神抖擞，夜晚入睡时一夜好眠，让身心维持健康的平衡。

自律神经系统在人体的运作

器官	交感神经系统	副交感神经系统
瞳孔	放大	缩小
唾液腺	分泌减少	分泌增加
汗腺	流汗	

续表

器官	交感神经系统	副交感神经系统
支气管	舒张	收缩
心脏	心搏加速、输出增加	心搏减速、输出降低
血管	阻力增加、血压上升	阻力降低、血压下降
胃肠道	蠕动减少	蠕动增加
泌尿道	膀胱舒张、括约肌收缩	膀胱收缩、括约肌放松
生殖系统	射精	勃起

失调引起的身体症状

当我们过度焦虑、压力太大，超乎个人所能承受负荷，或者长期作息不正常、有疾病导致神经损伤时，交感神经和副交感神经的系统就会失去平衡，例如，白天该清醒做事时，却一直疲惫昏沉，提不起劲；夜晚该入睡了，却肌肉紧绷，脑子转个不停，无法放松，久而久之就形成自律神经功能失调，人体各系统也开始出现异常症状，以器官系统归类如下：

器官	症状
心脏	心悸、胸闷、心脏无力
肺脏	吸不到气、会喘
肠胃	口干舌燥、消化不良、腹胀、腹泻、便秘
生殖泌尿道	尿频、性功能减退

续表

器官	症状
头/脑	头痛、头晕
四肢	无力、手脚麻、颤抖
皮肤	过度流汗、畏寒、潮红、起鸡皮疙瘩
骨骼肌肉	腰酸背痛、肩颈酸痛、颞颚关节痛

前面说过，“自律神经失调”不是病，而是一种身心不舒服的状态。虽然不算是病，但是为这种身心状态“命名”很重要，可以让病友有所依循，为身体的种种不适找到正确解释，才知道该如何改善。

譬如医生对心脏不舒服的患者说：“你心脏没问题。”患者会立刻质疑：“没问题怎么会不舒服呢？”当医生说明这叫作“自律神经失调”，患者听到这个诊断名称，也就放心了。

当医生进一步解释：“自律神经失调，常常是压力太大，情绪焦虑的关系。”很多患者会难以理解，因为“焦虑”是一种很模糊的感觉，除非最近生活上发生了具体的压力事件，患者才比较容易接受这样的说法。

医生除了让患者了解压力事件、人格特质、思考和行为模式等因素会引起自律神经失调之外，也要让患者知道：“在治疗焦虑情绪的过程中，身体症状不会马上消失，所以心脏、肠胃有时候仍会觉得难受，这时候更要学会放松，身心问题才可以改善。”简单地说，就是患者必须要放下身体不适的不安感，才会有更好的治疗效果。

调节失调的方法

自律神经失调的治疗原则，一是治疗症状，二是治疗情绪问题。虽然治疗情绪是根本的方法，但如果状况不是很严重，也可考虑只治疗症状。

缓解症状

缓解症状是建立患者信心的第一步，因为治疗情绪的问题需要一段时间，可能几个礼拜或几个月，身体的难受没办法拖这么久，所以要先解决不舒服的感觉。

譬如心悸胸闷，可服用乙型交感神经阻断剂，但心律不整与气喘的患者就不宜使用；若有肩膀酸痛或下背痛症状，可以用肌肉松弛剂，帮助缓解；拉肚子就吃止泻药；便秘就服用促进肠胃蠕动的药物等。

改善情绪问题

改善情绪问题要先清楚情绪的根源在哪儿，才能对症下药。治疗方式可以使用药物，例如抗抑郁剂；也可运用其他的放松方式来协助调适情绪。抗焦虑剂主要是用来放松，一吃就有效，但会有依赖的问题，不建议长期使用。

在情绪张力很强烈的时候，药物可以很有效地降低焦虑度，但接着我们要学习其他调适情绪的方法，练习纾压技巧，并且改变面对压力的态度，长期坚持才是对自己最有效的帮助。

解除病态焦虑对于自律神经的压迫——学习平和放松，使交感神经、副交感神经的“自律”功能调节自如，保有活性——才是正确的自律神经保健方法。如果交感神经长期处于亢奋，人很容易紧绷、感觉焦虑；副交感神经反应过度，人容易疲惫抑郁。所以“平衡”之道，一方面让自己不要过于松弛无力，要积极面对生活；另一方面，有“战斗”习惯的焦虑症病友，则要试着找出生活中的压力源，改变环境、调整想法、修正行为惯性、转换身心，学习放松。

一方面积极面对生活，另一方面学习放松心情，在松紧之间找到弹性平衡，才是身心健康之道！

附篇 >>>

脑神经衰弱

由心理到生理，从长期压力到无法复原的疲惫感，脑神经衰弱是累积的恶性循环。

改变生活吧，让我们一起扫清压力，放松一下！

“脑神经衰弱”是以前惯用的俗称，在医学文献里一般称为“神经衰弱”，特质是：承受长期压力，以致产生无法复原的疲倦感。以下是一个典型的例子。

45 岁的李先生迄今未婚，个性追求完美。他在金控公司工作，表现一直很好，一年前升职，负责一个部门的营运。不服输的他，花更多时间在工作上，但他总觉得业绩无法达到第一、营运状况不理想，因此感到自责、生气与无力。

最近半年来，他发现自己常常感到疲倦，很想好好睡觉，可是整夜翻来覆去地一直在做梦；肩膀变得很紧很痛，胸口常觉得有重石压着，脾气更暴躁了，老是对下属发火。他试着改变，休假一个星期，体力仍然无法复原，工作效率愈来愈不好，恶性循环下，他相信自己一定是生病了。

于是他做了全套健康检查，接受中医调养，也开始补充各种营养品，改变体质。可是疲倦依旧，他知道没办法继续工作了，在家人的劝说下，他决定请长假休养。

长期而无法改变的压力会影响身体，累积成极度的疲倦感，这种状况又称为“神经耗竭”，这是乔治·米勒·毕尔德（George Miller Beard）于1869年提出的概念，指述一种“慢性疲倦和失能”的情况，

譬如丧失工作能力。常见于慢性压力之后发作，又以高社会阶层、男性、青少年或中年人为多。

症状

常见的表现是：慢性虚弱和疲倦、疼痛症状、焦虑和神经紧张（nervousness），这是慢性压力造成自律神经功能改变、荷尔蒙系统改变，还有各方面生理的改变。患者会觉得非常不舒服与疲倦，身体检查后往往没有什么异常，但对患者来说这些症状都是真的。

常见的症状有疲倦、心力交瘁、焦虑、身体病痛、关节痛、背痛、对于声音或光线敏感、头晕、头痛、心悸、胸闷、口干、消化不良、腹胀、腹泻或便秘、皮肤感觉异常、流汗、不耐热、皮肤痒等身体不适，也常见心情症状伴随出现，譬如担心、恐惧、悲观、绝望感、记忆力不好、失眠等。

诊断准则

自从“神经衰弱”这概念出现以来，它成为很流行的诊断。很多查不出病因的病人，似乎“就是神经衰弱”。不过随着诊断定义不断变化，美国的疾病分类中已经取消“神经衰弱”，而归为心理作用或潜意识冲突的产物。

即使如此，欧洲国家常用的《国际疾病分类第十版》，仍保留“神经衰弱”这个诊断。华人世界也很习惯这个用法，所以案例中的李先生，因为神经衰弱的疾病而无法工作，在华人社会是一个很合理的解释。若场景换到美国，反而会认为他是工作压力大，没法调适处理，才没法工作。

根据《国际疾病分类第十版》，“神经衰弱”的核心症状为：在轻微的心智活动或身体活动之后，却感受到持续且让人不舒服的耗竭或疲倦。例如，打个电话给妈妈报平安是一件很简单的心智活动，可是讲完

电话后却觉得很累很疲倦，需要休息；又或是吃完饭、洗个碗，就觉得全身的精力被榨干，没办法再做任何事情。

除了耗竭感与疲倦外，常常会有肌肉疼痛、头晕、张力性头痛、睡眠障碍、无法放松、易怒等焦虑症状。这些症状即使通过休息、放松或娱乐，也都无法恢复。

治疗

1. 正视压力问题

治疗的重点是让患者了解，神经衰弱是因为压力影响身体，是由心理到生理的伤害作用，通常是长期的（工作）压力所造成的。所以治疗之道是先处理压力，如果没有正视这个根本问题，就会变成恶性循环。

若不了解压力对身心的影响，患者往往会认为长期工作让自己神经衰弱，是身体生病了，而不是因为压力大。若归因于压力太大，往往会被贴上“抗压性差”的标签，但是，如果是身体生病了，有了这个“生病角色”，患者反而会获得他人的关心与照顾。

所以，身体的疾病往往比心理和情绪的问题更容易为一般人接受。

然而，不愿意正视压力问题，困倦和疲劳的症状就会一直持续下去，久而久之，容易让人丧失斗志，无法面对生活和工作的挑战，失去自信与活力，衍生出更多问题。

所以很重要的观念是，当医生诊断为“脑神经衰弱”，一定要再追问：“为什么我会神经衰弱?”跟医生合作，试着找出压力源，积极寻求改变，才能获得最佳的治疗。

2. 调适压力与药物治疗

既然是跟压力有关系，就要学会调适压力的方法。除了均衡饮食、规律作息、适当运动、放松心情

等方式，当然也可以用药物治疗。但是吃药无法改变患者的环境与生活，不可能吃了药之后，夫妻关系就变好、上司就比较赏识你、业绩压力就消失。所以除了药物治疗之外，生活模式一定要改变，学习让压力成为助力，而非阻力。

不过，如果症状严重，药物还是很重要，因为很多身体的不适可先通过药物来纾解症状。第一线治疗药物是有增强脑部血清素作用的抗抑郁剂（包括血清素再回收抑制剂与血清素——正肾上腺素再回收抑制剂），或使用“镇定剂”来解除焦虑。其他类似安非他命这类“兴奋剂”的药物，则可以改善长期疲倦、没有精神的症状，但这类药物有依赖性的疑虑，必须小心使用。近年来另一类抗抑郁剂正肾上腺素——多巴胺再回收抑制剂（bupropion），特别对抑郁症和与情绪相关的疲倦、提不起劲有效果，也可用于治疗伴随抑郁症状的神经衰弱患者。

第五章

超越焦虑三大法门

对抗焦虑，人体有奥秘的调适过程，加上各种实用技巧，以游戏心情多管齐下，思考会变得友善，心会宁静，情绪会天天晴。

有一天，我去演讲时，刚好领带打得比较紧，有种吸不到气的感觉。演讲本身就让我感到紧张，吸不到气则让我相信自己的确“很紧张”，当我发现自己非常焦虑的时候，就开始胡思乱想：“我这么紧张，演讲一定讲不好！”于是其他的焦虑反应讯号就自动产生了，让我愈来愈不舒服。

其实，这只是生理上的变化让焦虑反应增强而已，那时我只要把领子松一松，透口气就会好很多，也不会有接下来一连串的焦虑反应。

很多人和我一样，焦虑的时候会感觉吸不到气，因为吸不到气，就变得更焦虑。这时，只要改变一个小小的环节就能影响整体，任何一种改变都会很有帮助，可带来放松的正向效果。

调适，一条循环的路径

前面谈过“焦虑调适”的过程：当压力事件出现，会通过“个人因素”，决定我们的焦虑反应；反应过后，会发展出“适应的过程”；这个过程又会回馈到个人因素，再决定下次面对压力事件时的焦虑反应模式。

在焦虑反应上，身心是交互影响的，“身”是指生理反应，“心”是指情绪和思考，只要改变其中一个部分，就能影响整体体验。

因此，学习调适焦虑的方法，就在于改变“适应过程”、改变“个人因素”，就可以改善焦虑反应。“焦虑调适的循环路径”请见图三。

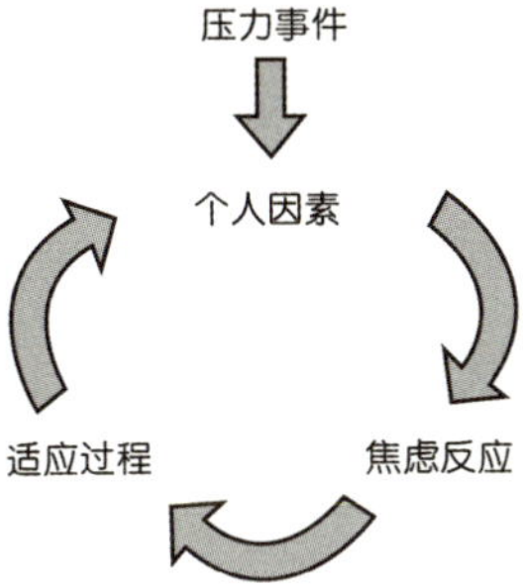

图三 焦虑调适的循环路径

个人因素：体质因素、人格特质、生理结构、学习经验、认知模式。

焦虑反应：情绪经验、认知思想、行为改变、生理反应。这四者息息相关。

适应过程：可通过生理回馈、呼吸训练、肌肉放松、认知治疗、行为改变技巧、冥想等来改善焦虑。

“抗焦”三大方法

调适焦虑的方法很多，整合起来有三个面向，每个面向都有实用的技巧，概述如下：

“从身到心”调适法：先改变我们面对焦虑时的生理反应，可促成心理状态的改变。

• 腹式呼吸——运用改善生理状态的呼吸法，可有效纾压。

• 渐进式肌肉放松——实用的肌肉放松过程，能松弛身心。

• 自律训练与自我暗示——专注于内在生理的感受。

• 生理回馈——通过仪器讯号的呈现，逐步去调控生理功能，进而减轻焦虑。

“由心到身”调适法：让心头放松，由此改变我们的生理反应。

- 冥想、静坐、各种放松情绪的方法——净空思绪、自我察觉。
- 善用想象——想象美好的景象。

认知行为治疗法：通过认知和行为技巧，转换看事情的观点，去除情绪障碍。

- 认知治疗——改变看待世界的方法。
- 行为治疗——暴露练习，克服焦虑。
- 认知行为治疗——结合认知治疗与行为治疗。

接下来，一一详细介绍这些调适方法。每个人适合的方法不一样，读者可以选择对自己最有效的方式来练习。

“从身到心”调适法

1. 腹式呼吸（diaphragmatic breathing）

在介绍调适压力的方法时，通常第一个介绍的就是“腹式呼吸”，或称为“横膈膜呼吸”，这是一种很简单又能有效改变压力的方法。一般我们坐着或站着的时候

是用胸式呼吸，吸气的时候胸部鼓起来、肚子凹下去，吐气的时候胸部凹下去、肚子凸出来。这代表吸气的时候胸部用力扩张，让空气从外面进来。

腹式呼吸则相反，吸气时肚子会凸起，吐气时肚子会凹下去，因为腹式呼吸是通过让肚子扩张，也就是让介于胸腔与腹腔间的横膈膜下降，减少胸腔的压力，外面的气就会进入肺部。

人在躺着时，自然会从胸式呼吸变成腹式呼吸，因此一开始可以试着躺在床上练习。新生儿都是腹式呼吸，这是对身心状态较好的方法，可以有效调节自律神经功能。

腹式呼吸的技巧如下，腹式呼吸的流程可参考图四：

（1）选择舒服的姿势

一开始可以尝试躺着练习，或选择一个舒服的姿势，将手放在腹部感受一下。

（2）专注呼吸，愈慢愈好

将注意力专注在感受呼吸的过程，不要边做腹式呼吸边想事情。吸气时，空气通过鼻子慢慢进入鼻腔、口腔、气管、肺部到腹部凸出，吸饱气后稍微暂停一下，再把气吐出来，感受空气从我们的肺到气管到口腔到鼻腔，气吐干净后稍微停一下，再重复下一次的呼吸。腹式呼吸也可从口腔将气呼出来。

利用呼吸法来放松纾压是简单又有效的方式。瑜伽、太极等各种调整身心的运动，也都很强调呼吸方法哦！

处在紧张的状态时，呼吸会急促，所以，把呼吸慢下来，就能减轻急促或紧张感觉，因此诀窍是呼吸愈慢愈好。不论用鼻吸气口吐气，还是口吸气鼻吐气都可以。

吸气跟呼气的时间则掌握在一比二的节奏，可以吸一拍、吐两拍，或吸两拍、吐四拍，譬如吸两拍、吐四拍，可在心中默数一、二后停一下，再开始吐气，一、

二、三、四，愈慢愈好，但不要慢到觉得换气不太够，而是在能力之内愈慢愈好。

（3）想象呼吸是一种排毒

换气的过程中，除了专注吸气的过程外，还可以想象现在是吸入清新的空气，从鼻子、鼻腔、喉咙、气管、肺，这清新的空气进入全身的循环，然后将紧张和压力的毒素随着呼气吐出来。这是一个自我暗示的洗涤过程，可以自然地与腹式呼吸结合在一起。

（4）平常多练习

在压力情境下做腹式呼吸可以纾解焦虑反应，降低压力的影响。但平常就要多练习，不要碰到紧张的时候才做，这样效果并不好。最好练习到整天都很自然地用腹式呼吸，不用特别注意去做，例如，每天一大早醒来时，可以先腹式呼吸五分钟到十分钟，神清气爽再出门，睡觉前做一做腹式呼吸也比较好睡。任何时候都可以做腹式呼吸，甚至开会时坐在椅子上，也可以默默练习放松自己。

① 穿着轻松，找个舒适的位置，或坐或躺。将手放在腹部感受一下。

② 吸气时，腹部渐渐凸起，吸饱气后稍微暂停一下，再慢慢地将肺部的空气由鼻子（或口）吐出去。吐气时，腹部慢慢凹下去。呼吸愈慢愈好，呼气时间是吸气时间的两倍。譬如吸两拍、吐四拍，吸气时，可以一边吸气一边默数“一、二”，然后停一下，再开始吐气，并默数“一、二、三、四”。

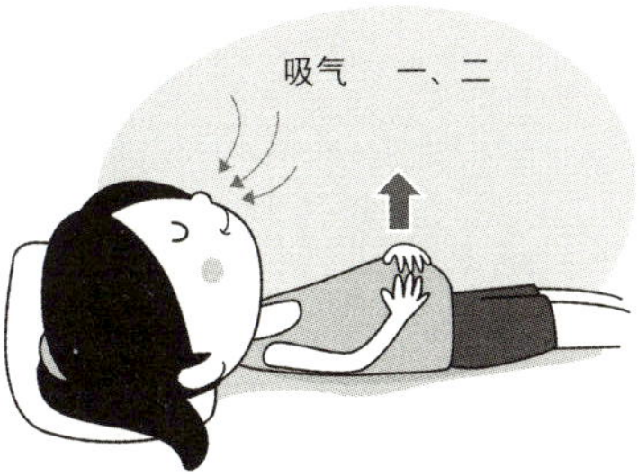

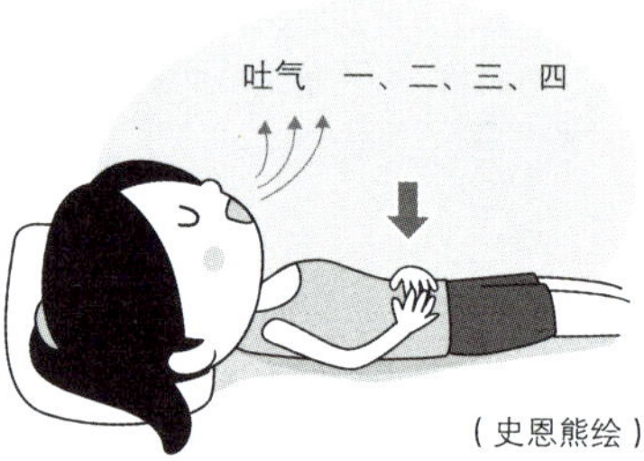

（史恩熊绘）

③ 注意力放在呼吸的节律和空气的流动上，体验安全、平静且放松的感觉。

图四　腹式呼吸流程图

2. 渐进式肌肉放松

“渐进式肌肉放松”也是非常实用的方法。因为很多焦虑的症状会让我们变得很紧绷，容易皱眉头、咬紧牙关、肌肉紧绷，长期累积下来会造成头痛，眉心、肩膀、脖子、下背部、颞颚关节肌肉紧绷与酸痛等症状，很多人会通过按摩来缓解。这种长期肌肉紧绷所造成的疼痛，也可通过肌肉放松来降低焦虑感。

怎么放松呢？有几个要点：

（1）先用力再放松

对于从来没有放松过的人来说，放松是很难想象的感觉，可以通过相反的方式来练习，也就是“先用力再放松”。譬如我们用力握紧自己的拳头，持续五秒至十秒，直到手部不太舒服时，再把拳头放开，这时会感觉腕关节与手关节暖暖的、热热的、松松的，这就是放松的感觉。

（2）一个区域接着一个区域地放松

全身的肌肉要一次放松是很困难的，所以采取“渐进式”方法，让一个区域一个区域的肌肉循序慢慢放松。诀窍是，在一个区域放松的时候，先用力紧缩五秒至十秒，再放松三十秒至四十秒，要集中注意力在用力与放松的过程，感受前后的变化。渐进式肌肉放松可以搭配腹式呼吸，也就是在用力收缩时吸气，在放松时自然吐气。

（3）为自己打分数

过程中有一个很重要的步骤，就是通过“打分数”来察觉自己的状态。放松可以打分数，同样地，焦虑也可以打分数。

打分数是改变焦虑反应很重要的步骤。我们的情绪

不是只有“焦虑”或“不焦虑”两种，而是经常介于两者之间。事实上，焦虑的程度有高低之别，若从零分到一百分来计算，有时候只在二十分至三十分之间，但是若不仔细区分，会以为自己总是很焦虑。如果通过帮自己打分数来察觉焦虑的状态，就会明白事情并没有那么严重，不需要每次都拉警报。

放松的程度也可以打分数。在用力与放松的过程中，感受前后的变化，并为变化过程打分数，从零分到一百分来算，分数愈少代表愈放松。譬如放松之前，先肌肉用力到九十分的紧张程度，再松开，第一次可以松到三十分，下一次可以松到二十分，这样愈来愈放松，先用力再放松，这就是渐进式肌肉放松练习。

（4）放松的顺序

由上到下或由下往上都可以，比较多的人选择由上到下的方式。

①脸部放松：

先皱紧眉头，这时会觉得眉心拧在一起，眼眶旁边的肌肉因为用力，鱼尾纹跑出来，鼻子皱成一团。然后，放松开来，这时候会感觉额头比较松，眼眶附近肌肉也比较松了。

接着放松下颚。把牙齿用力咬紧，耳朵两边前面的颞颚关节会凸出来，感觉非常难受了再松开来。颞颚关节痛是很常见的问题，在牙科门诊都建议戴矫正器去放松，其实通过渐进式肌肉放松就可以改善。

接着是舌头，舌头有很多肌肉，放松的方法是：将舌头往上顶在上排牙齿的后面，用力顶五秒至十秒钟，再松开，这时舌头附近的肌肉就放松多了。

②颈肩放松：

接下来是颈部与肩部，可以两者一起放松，也可先放松颈部。颈部放松是将头部低下来，下巴微微内缩，尽量让下巴贴近前胸，用力，再松开来，恢复原位。然后脖子一直往后，让后脑勺尽量靠近背脊，用力五秒到十秒再慢慢回到原位。

肩膀部分则是把肩往上提，耸肩，很用力，或同时把胳肢窝与手臂夹紧，然后松开，也可以同时收缩两个肩膀的三角肌，再把它放松开来。

③胸部与上肢放松：

很用力地将胸的两侧往中间夹紧，一直用力，然后放松。接下来是上肢，手臂很用力地往前伸直打直，用力握拳，就好像手指在手心里压出血一样，用力之后再放松，这时关节跟肌肉就会觉得热热的、暖暖的。

④腹部与下肢放松：

上身放松完，接着放松腹部。腹部先往前弯，收缩腹肌，再往后弯，收缩下背部的肌肉。臀部也需要放松，久站一整天常会臀部酸痛，用力把臀部夹紧再放松。大腿也一样，用力绷紧往上抬再放松，然后是小腿、足部、脚趾。

这一系列放松做下来可能要二十分钟到三十分钟，当练习愈来愈顺时，平常不太需要用力就可以直接放松了，这表示已经学会技巧。肌肉放松可以在压力大或空闲时做，很疲劳时在家里做，也会有类似的效果。

渐进式肌肉放松又叫作“杰克逊放松法”（Jacobson），另外还有一个肌肉放松法叫作“韩瑞克森放松法”（Hendrickson），是配合冥想，一个区域一个区域地放松肌肉。这两种放松方法都很流行。

3. 自律训练与自我暗示（autogenic training）

自律训练是由德国精神科医生舒尔兹（Johannes Heinrich Schultz）在1932年提出的一种自我催眠技巧，让肌肉放松、血管舒张和体温上升，令人感到身心舒适而有放松的效果，起初是用于治疗心身症。

最好能在安静舒服的环境中进行自律训练，穿着宽松的衣物，坐姿或卧姿皆可，轻闭双眼，双腿不要交叉，双手自然置于身体两侧。练习中采取“被动的注意力”，也就是不要刻意或努力地让自己放松，而是采取一个被动的态度让“具有暗示性的默想”自然将身心带至放松的状态。自律训练需要重复练习，一般建议开始时每日练习三次，一次十五分钟至三十分钟。每次练习分为六个阶段：

阶段一：重感练习。默想“我的右手感觉很沉重”，然后感受右手变得沉重的感觉。不要刻意让手变得沉重，而是让它自然发生；因为“主动的态度”反而会让自己变得焦虑。掌握这种放松感觉之后，就可以依右

手、左手、右脚、左脚的顺序轮流练习，再进入第二阶段。

阶段二：温感练习。默想“我的右手感觉很放松很温暖”，也可以同时想象手浸在温水里的感觉。在感到手变得温暖前，或许在指尖会先有一点刺痛感，这是手指末稍血管舒张以致血流增加的缘故。掌握这种放松的感觉后，就可以依右手、左手、右脚、左脚的顺序轮流练习，再进入第三阶段。

阶段三：心脏调整练习。默想“我的心脏感觉很放松、很平静，跳动愈来愈有规律、愈来愈缓慢”。掌握这种放松感觉之后，就可以进入下个阶段。

阶段四：呼吸调整练习。默想“我的呼吸感觉很放松、很平静，呼吸愈来愈有规律”。掌握这种放松感觉之后，就可以进入下个阶段。

阶段五：腹部温感练习。默想“我的胃部感觉很放松很温暖，愈来愈柔软，愈来愈温暖”。掌握这种放松感觉之后，就可以进入下个阶段。

阶段六：额头凉感练习。默想“我的额头感觉很放松很清凉，就像徐风轻轻抚过，很清凉很舒服”。记得是这种清凉放松的感觉，而不是冰冷的感觉。

在刚开始几次的练习中，常常只能感觉手脚沉重、温暖。但随着练习愈趋熟练，愈来愈能以被动的注意力接受语言公式的自我暗示，而快速进入深沉的放松。

其他

运动、瑜伽、打太极拳、按摩、听音乐、芳香疗法等，也都是抗焦纾压的好方法。

生理回馈（biofeedback）

前述两种方式可以自己做，“生理回馈”则要借助专业人员的协助。

肌肉用力放松的感觉可以察觉得到，很多焦虑反应却是自己察觉不到的。譬如紧张时血压会上升，上升多少自己无法知道，所以若能通过一些仪器，放大与焦虑相关的生理变化（变成讯号），将这些精细的身体感觉回馈给我们，就可以更高效地察觉自己的生理反应，并

且试着调控，进而慢慢减轻焦虑的生理反应，消除焦虑。

生理回馈广泛应用于医疗，譬如用于中风后的复健。中风后并不是完全不能动，只是不知道该怎么用力，若是通过生理回馈，察觉身体在何种情况下可以多改变一点儿，“我的脚抬起来的角度高一点儿了，是否可以更高？”一次一次用仪器来了解身体反应，有利于复健。

以下略述几种生理回馈的应用：

脑波记录：可帮助我们了解心情紧张与放松的状态。一般脑波出现 α 波时，表示处于较放松的状态，出现 β 波则表示在紧张与警觉的状态，所以用脑波记录做回馈的时候，就可以大致掌握 α 波何时比较多，然后去揣摩 α 波较多时的感受，练习让自己尽量处在那个状态。很奇妙地，我们的意识状态的确会改变脑波。

心电图：心跳愈快表示愈紧张，通过“心电图”呈现心跳速率，就可以尝试一些放松方式让心跳不要那么快，而达到减轻焦虑的效果。另外，心电图还可以反映心率变异性（用来分析心率快慢的规律与差异性大小），体验各种放松方式。例如，采取 A 方法来放松时，心率变异性变好；采用 B 方式放松，改善程度并没有那么高，就可以选择比较好的方式来帮助自己。

指温计：能反映出我们的紧张程度，因为紧张的时候末梢血管会收缩，手指头的温度也会下降并开始冒汗，电阻会减少，电导就会变得比较好。

肌电图：测量肌肉的紧张程度，愈紧张肌肉就绷得愈紧。

通过各种仪器，可以客观反映焦虑时的生理状态，并即时回馈我们尝试降低焦虑度时的效果如何。但是在做生理回馈时，还是要做适当的行为暴露，也就是要一边直接面对焦虑情境，一边做生理回馈，才能真正学会克服并消除焦虑。

|小|常|识|

α 波与 β 波

脑波是指人体的脑中意识在活动时，脑神经细胞所产生的电生理讯号，这是19世纪德国生理学家汉斯伯格（Hans Berger）发现的。

对照人体的意识活动，仪器侦测出不同的脑波频率，分为α、β、δ、θ波。其中α（alpha）波多的时候，人的意识清醒，身体是放松的，脑部在这种状态所获得的能量最好，也是人体在学习或思考状态最佳的脑波状态。而β（beta）波多的时候，身体是紧张的，且随时处在防御状态，准备因应外在环境作反应，此时人体身心消耗快，易感疲倦，易累积压力，长期下来免疫力会变弱。

“由心到身”调适法

1. 冥想、静坐（meditation）

冥想特别适合现代人。现代人接收太多的讯息，脑中的思绪常常超过了负荷上限。冥想是通过一些方式，让脑中的思绪排空，只注意当下内在的感受，产生明心见性的效果，可以短暂地让自己免于各种思绪烦恼和刺激，平静下来，专注于此时此地，这时会有奇妙现象出现——更好的自我觉察，或自然涌出一些新观点、想法、方法，豁然解决生活中面临的困境。

这是冥想的美好作用：清空思绪，达到内在的平静，自我觉察与油然而生的顿悟。

怎么冥想呢？最重要的是，集中注意力于心念上。刚开始，可以通过一些刺激让自己集中心念在当下，例如在心中重复默念梵音“Om”这个声音，并将思绪集中在这个声音上，慢慢地，思绪会排空，脑海里只剩下这个声音，注意力集中在当下。

也可以尝试让视觉影像留在心里，譬如注视某个特

别的图片或物件一段时间之后，闭上眼睛，把心念集中在刚刚那个影像上。当你觉得思绪再度纷乱、影像变模糊的时候，睁开眼睛，再看一下那个物品，然后闭上眼睛，重新把物品的影像留在心中，这样反复的过程，可以帮助我们专注当下。

同样的道理，也可运用重复的外界声音，如坐在瀑布旁打坐，把注意力放在感受流水声的变化，将其他思绪自然排除在外；或者运用重复的动作与触觉，如数息记下自己的呼吸，或拨念珠的动作，以颗或以圈的方式记数，将注意力集中在心象上，让脑海中的混乱思绪慢慢远离，就可以达到平静心的状态。

除了注意力集中外，也要采取被动接纳的态度——冥想时不要拒绝任何浮现在心中的想法，它们就是此时此地自然在这儿，用接纳与开放的态度去面对它，进而洗涤烦乱的思绪。

冥想是要让我们放松全身的肌肉，因此要选择安静的环境和舒适的姿势，建议采取坐姿，因为是要维持注意力在心象上，而且最好要有靠背，才不会因腰酸背痛而无法持久。

2. 善用想象（mental imageryand visualization）

想象美好的景象、曾经美好的岁月也是不错的抗虑纾压方式。无法体会美好的时候，就通过电视上或杂志里的影像或图片，试着想象美好的场景，“啊，好轻松好自在，好想去这个地方啊！”同时也赋予这场景“感觉”——想象自己躺在午后宁静的沙滩上，微风徐徐吹来，拂动着肌肤的触觉，于是真实感变得更强，更有放松的效果；或者想象在舒服地泡澡，怡人的温度、按摩浴缸中享受着按摩的感觉；想象躺在森林木屋外的躺椅上，呼吸、换气，吸收着森林芬多精的清凉感觉……

通过想象身处这些舒适的情境，放松会更有效果。

认知行为治疗法

1. 认知治疗（cognitive therapy）

“认知治疗”就是改变我们看待世界的方法，治疗的原理是：这世界是什么模样，由我们自己决定。

我们都有一些认知的基本模式，也就是习惯性的思考模式，这些模式快速且自动地发生，很难察觉。惯于悲观思考与惯于乐观思考的人，在同样的情境下，会出现不一样的“自动化思考”模式，悲观而焦虑的性格习惯夸大威胁，甚至幻想出不存在的威胁；乐观者则觉得，即使天塌下来，也有高个儿顶着。

认知治疗的目的，就是要帮助我们侦测自己在面对各个情景时会出现哪些自动化的思考。自动化思考中有些是合理的，有些则不合理，那些不合理、扭曲的想法，必须去挑战它、改变它。逐渐消除了，就会觉得世界变得比较友善，也降低了焦虑。

这个方法可以自己做，但刚开始最好找人协助、进行侦测、讨论，才能更清楚自己的认知模式。

（1）常见的焦虑性认知模式

进行治疗之前，我们先了解“常见的焦虑性认知模式”有哪些，更有利于察觉行动。

①个人化归因：觉得什么事情都跟自己有关，路上看到车祸，伤者不治死亡，自责没有早点发现、赶快打120而焦虑不安，这就是个人化的归因。

②以偏概全：任何事情都有好的和不好的地方，有人却往往看到坏的一面，认为整件事情会往灰色方向发展。

③过度概化：从一个独立事件，很轻易就下了全面性的、广泛式的结论，例如“爱吃辣的人，脾气都比较暴躁”。

④筛选讯息：事件发生时，只看见自己相信的部分，例如“老师很偏心”，对相反的讯息却视而不见。

⑤灾难性思考：把事情一直放大到最坏的后果。例如，路上跌倒了，原本只是皮外伤，却马上联想到会不会骨折，骨折有可能产生血栓，甚至肺栓塞，那就要插管治疗，生命就有危险……这一连串忧思就会导向灾难性思考。

⑥直接跳到结论：例如，社交互动时，说了句不太得体的话，对方的眉头皱了一下，就胡乱想：“他一定觉得我很失礼，以后不想再跟我说话了，我做人真失败……”其实只看到眉头皱一下，就好像有读心术一样，认定对方一定是怎样的想法，于是愈来愈紧张，也愈来

愈失态，从此对社交产生恐惧。

⑦跟着情绪走：其实很多情况下，焦虑是对压力的自然反应。我曾提到自己因为领口太紧而吸不到气的亲身体验，也是跟着情绪走，甚至觉得环境很不友好，结果把自己弄得愈来愈糟。

⑧全有或全无的二分化思考：将事情分为成功跟失败两种，只看到不好的地方就代表全盘失败，没有办法接受事情总有不完美。

以上都是焦虑型的人习惯的思考模式，而且几乎没有意识到，自己已经很自然地将这些认知基模带入所处的情境里，例如，在人际关系上会产生这样的自动化思考：“我跟他不是朋友就是敌人！”“他一定不喜欢我，会算计我！”我们的自动化思考决定这个情境在心中的模样，也就决定了压力反应。所以我们要练习察觉自动化思考，刻意改变它，才能真正解除焦虑。

人生总有起落，事情也不会全部完美，凡事不要太执着、太绝对，生活一定会更从容又美好。

（2）如何检视自己的认知基模

那么，要怎样找出、觉察出自己的认知基模，进而改变旧的惯性模式呢？

举个例子，一个学生正准备考试，要念完一整本书，他对自己没有信心，一直有个信念“我能力不足”，根据这信念产生出自动化的假设：“这本书太难了，根本读不完也背不下来。”

因为有了认知上的谬误，所以他会放大事情的困难度，开始灾难化思考：“一旦没有背得滚瓜烂熟，考试就完蛋了！”于是压力慢慢变大，心情不好，胃开始不舒服，最后他干脆放弃，结果真的考得很糟，更加深“我就是能力不足”的信念。

这位学生必须改变自动化思考，但是如何改变呢？

“这本书的确很难，我可能可以念个八九成，考试可能考九十分、八十分，在班上还算是不错的成绩。”当他改变旧有的自动化思考模式，读书、考试带来的压力就不会那么大了。

（3）“认知治疗”的方法

一边改变旧有的自动化思考，一边重整出新的认知基模，是认知治疗的目标。方法如下：

①侦测自动化思考：

自动化思考怎么侦测呢？有人觉得难以想象：“我就是紧张嘛，你问我在想什么，我怎么知道？”所以要慢慢练习，从情绪中去侦测、察觉自己在想什么。

以这名紧张的学生为例，他可以通过“自问自答”来侦测自己的自动化思考：

“明天考试让我很紧张，为什么？”→“因为怕考试结果不好。”

“考试的结果会是什么呢？”→“应该会考得不好。”

“为什么会考得不好？”→“因为准备得不够

这本书太难了！根本读不完也背不起来！
一旦没有背的滚瓜烂熟，考试就完蛋了！
挂科
59

充分。”

“为什么会准备不充分？”→“因为我就是笨嘛，能力不好。”

②监控自动化思考：

常常向自己提问：“这种感觉是从哪里来的？为什么？”从不断的追问中找到认知基模。原来这位学生的自动化想法是对自己没有信心，担心无法准备得很充分，所以会考不好。

③检视自动化思考：

追问后，还要检视这个自动化思考“对自己有怎样的影响？有怎样的后果？”并且为它引起的焦虑程度打分数，从零分到一百分。这位考生的焦虑程度达到九十分。

④挑战“引起焦虑的自动化思考”：

知道自己的自动化思考后，就要去挑战它，几个重点：

• 客观地评估环境（压力源），站在别人的角度看事情。

• 这想法合不合理？哪些证据支持我的想法？哪些

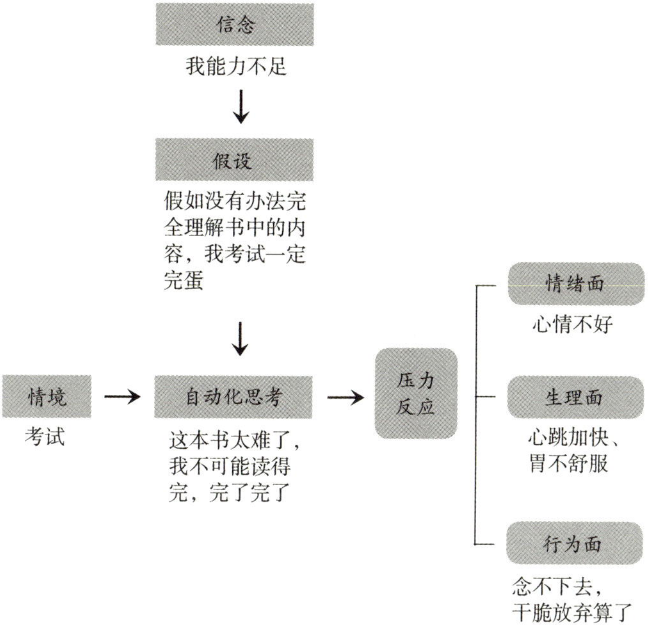

图五　认知模式

证据反驳我？

- 一般人会这样想吗？
- 这样想对我是有利的？还是有害的？
- 照我这样想，发生的机会有多大？

例如这位悲观的学生就是很合理地认定自己：“一

定念不好！”“我是个不会念书的人！”真的是这样吗？何不挑战看看？

先提问：“我就是不会念书吗？”

再追问：“老师、同学也认为我不会念书吗？”→好像不是，因为他们常常称赞我。

再追问：“有哪些证据支持我是没有能力的？”“一般人会这样看待我吗？”进行自我反驳。

继续追问：“有这些负面想法，对自己好不好？”答案当然是“不好”。既然知道这样不好，为什么还要这样想呢？追问到底后，再反问自己：“我考试完蛋的概率有我想的那么大吗？”

⑤找出认知基模或不合理的假设：

这样一步一步追问，就会慢慢看出自己的认知基模，也会发现“我很笨”“我不会念书”是自己所做的不合理假设。

⑥改变旧想法、发展出合理的替代性想法：

找出不合理的假设之后，就要努力发展出替代的想法。

替代的想法可以是："这次考试很难，但我以前也碰到过很难的考试，只要好好准备都能考得很好。"根据过去的经验给自己信心，这就是替代的想法。同时也要做评估：我对旧的自动化思考、新的替代想法的相信程度（0～100分）是多少？给分愈高，表示愈相信这个想法。并且自我评比，其中的焦虑程度又是多少？例如：

- 旧的思考："这本书太难了，我一定读不完"（相信度90分，焦虑度100分）→提出挑战："我以前考试会念不完吗？"

"有什么证据支持这本书很难？我会读不完？"

"这样想对自己有什么好处？"

- 新的想法："这本书很难，但我应该念得完。"（相信度50分，焦虑度50分）→"这本书虽然很难，但是根据以前的经验我还是念得完。"（相信度80分，焦虑度20分）

经过这些侦测与替代的过程后，焦虑度就会从90分降低到30分、20分了。

刚开始做这种替代性的想法时会很别扭，因为要一直自问自答，所以必须通过很多练习，才会找到真正能说服自己的替代性想法，来改变自己的认知基模。这时候，我们看待世界就会变得不太一样了。

（4）家庭作业：记录“自动化思考”

认知治疗有一个很重要的成功要素，就是要常常写功课。因为焦虑经常出现在日常生活中，所以认知治疗不是只在门诊时进行，回家也要做，要努力地为自动化思考留下记录，同时试着发展出替代性思考。

下面，就是我以自己演讲时感觉焦虑的经验，为读者示范如何“写功课”。

家庭作业：记录自动化思考的转变

时间	场景	自动化思考（相信程度）	情绪（程度）
2017－10－9 15：00	在医院演讲对民众介绍焦虑症	• 我讲话打结而语无伦次（50分） • 大家都听不懂（80分） • 我是一个失败的演讲者（90分） • 主办人会将我列为拒绝往来户（90分）	焦虑（90分） 害怕（80分） 抑郁（20分）

认知谬误→替代性思考	相信程度改变	情绪改善
• 讯息筛选→我大多时间都讲得顺畅	50 →20	焦虑 90 →40
• 读心术→如果大家听不懂，就会举手发问	80 →50	害怕 80 →20
• 跟着情绪走→我已经有多次成功的演讲了	90 →30	抑郁 20 →5
• 灾难化思考→那又怎么样呢	90 →70	

因为演讲过程中，我偶尔会讲话打结，于是我一开始有 50 分的相信度，认为自己语无伦次。

正当我胡思乱想时，又看到某位听众的眉头皱在一起，我觉得自己讲得太难、太拗口了，大家才会听不懂，我有 80 分相信这个想法。

接下来的情形更糟糕，我看到大家都没有笑容，还有人打瞌睡……我的自动化思考马上就连接到“我是一个失败的演讲者”，我至少有 90 分相信这个想法，而且还在扩大，认为“主办人会将我列为拒绝往来户”，我站在讲台上，不只害怕焦虑，还开始抑郁。

这是非常典型的自己吓自己、被自动化思考推向焦虑巅峰的过程。所以我必须找出替代性思考。不是演讲现场时就想，而是演讲完、回家好好坐在书桌前，沉淀

一下，重新检视回忆当时的场景，试着找出认知谬误，又有哪些替代性思考。

“我讲话打结而语无伦次”——这个自动化思考所犯的认知谬误是“讯息筛选”。事实上，我可能讲一百句里面，只有两三个字打结了，但是我就特别注意这两三个字。替代性的思考是“我大多时间都讲得顺畅”，把“讲话打结”这个自动化思考的相信程度从50分降到20分。

“大家都听不懂”所犯的认知谬误是“读心术”。我只是看到有人皱眉头，怎么会知道对方是因为听不懂而皱眉头呢？也许是很想上厕所，如果听不懂应该会举手发问吧？既然没有人举手发问，应该不至于听不懂。

“我是一个失败的演讲者”——则是一连串自动化思考所引导出来的，有“跟着情绪走”的认知谬误。其实很可能只是最近胖了，领口比较紧，吸不到气，所以感到焦虑。替代性思考则是“我已经有多次成功的演讲了，应该不是个失败的演讲者”。焦虑从90分就降到30分。

“主办人会将我列为拒绝往来户”所犯的认知谬误是“灾难化的思考”，我把它替换成：“我的演讲应该不至于这么糟吧?”“就算是，那又怎样?”这样想过之后，虽然相信度只改变了一点点，但重要的是情绪不再那么紧张了。

大家可以试试，想象一下自己的自动化思考是什么？下次碰到类似情境，自动化思考又跑出来时，就赶紧翻出准备好的替代性思考，好好地想一想，加上自己的信心，就会让焦虑程度改善很多。

行为治疗

学习“行为改变技巧”——暴露法（exposure），能帮助我们正视环境、应对环境，勇于面对压力事件，这个经验会正面回馈给我们，下次再面对同样的压力事件时，就不会那么焦虑。

要克服恐惧，有一个很重要的成功因素，就是直接面对恐惧焦虑的来源，让自己暴露在那场景之中。一味逃避只会加深恐惧，如果能直接面对它，恐惧的目标物不再是问题。

尝试这个疗法，“动机”是成功的关键。以《哈利·波特》里的角色荣恩为例，他很怕蜘蛛，要跟满屋子的蜘蛛相处在一起，那场景多可怕。所以要给予重要的动机：“我要克服对蜘蛛的恐惧”！

暴露疗法主要分为两种，一种是缓慢式暴露法，称为系统性减敏法；另一种是直接快速的暴露法，称为洪水疗法。

1. 系统性减敏法（systemic desensitization）——一步步克服焦虑

这种方法采取“阶层式”的暴露，慢慢地对害怕对象愈来愈不敏感。

面对焦虑源的害怕程度，是有大小之分的，整只蜘蛛很恐怖，蜘蛛脚、蜘蛛网就没那么害怕，所以可以循序渐进地暴露，一开始从面对蜘蛛网做起。如果找不到蜘蛛网，也可以运用想象，想象自己在一个充满蜘蛛网的房间内。刚开始可能很紧张，过了二十分钟到三十分钟之后，焦虑感会慢慢下降，如果下降到原本的一半，就是成功的暴露。经过这次暴露，就可加强“面对充满蜘蛛网的房间”的信心程度。

进行系统性减敏法的步骤是，先找出焦虑的对象，以及与对象相关的人、事、时、地、物（也会引起焦虑的部分），并将这些人、事、时、地、物分项、逐一打上焦虑分数（引起焦虑的强度，由 0 分到 100 分），然后把所能想到的害怕情境排序出来，譬如“我害怕搭飞机（90 分），去机场也害怕（75 分），甚至听到飞机也有点怕（50 分）”。

接着依照不同的害怕程度，从最不焦虑的部分开始练习，通过想象，一项项克服。开始想象时，只要一感到焦虑，就进行腹式呼吸，边做边放松、边做边感受焦虑分数下降。最后将改善程度是多少记录下来，若能减少一半以上的焦虑度，或感觉没那么困扰时，再挑战下一个情境。

除了通过想象的练习，也可回到现实世界中练习暴露，比如去飞机场看飞机，让自己直接面对焦虑物。

一位惧旷症患者的系统性减敏法

惧怕主题	情境	焦虑度
在无法获得援助的地方晕倒了怎么办?	• 一个人坐火车 • 在拥挤的公车上 • 搭乘电梯 • 在拥挤的广场中 • 准备要出门 • 一个人在家 • 讨论出门的计划	100 分 90 分 85 分 70 分 50 分 45 分 30 分

暴露诀窍:(从焦虑分数最低的开始)
想象正在讨论出门的计划，一边做腹式呼吸，焦虑度由 30 分→15 分→10 分，逐步降低。克服这一关后，再进行下一阶层的暴露。

2. 洪水疗法（Flooding）——直接面对所畏惧的对象

最厉害的暴露法叫作“洪水疗法”，态度是“我不要想这么多了，直接面对最困难的!”。它不是渐进式的、阶层式的，连放松技巧也不要了，就是要很害怕，硬着头皮去面对焦虑对象，一直撑，撑到底，撑到焦虑减退!

例如，跟一只毛绒绒的大蜘蛛面对面，想象自己受困绑在椅子上，紧张得不得了，盯着它看了半小时，发

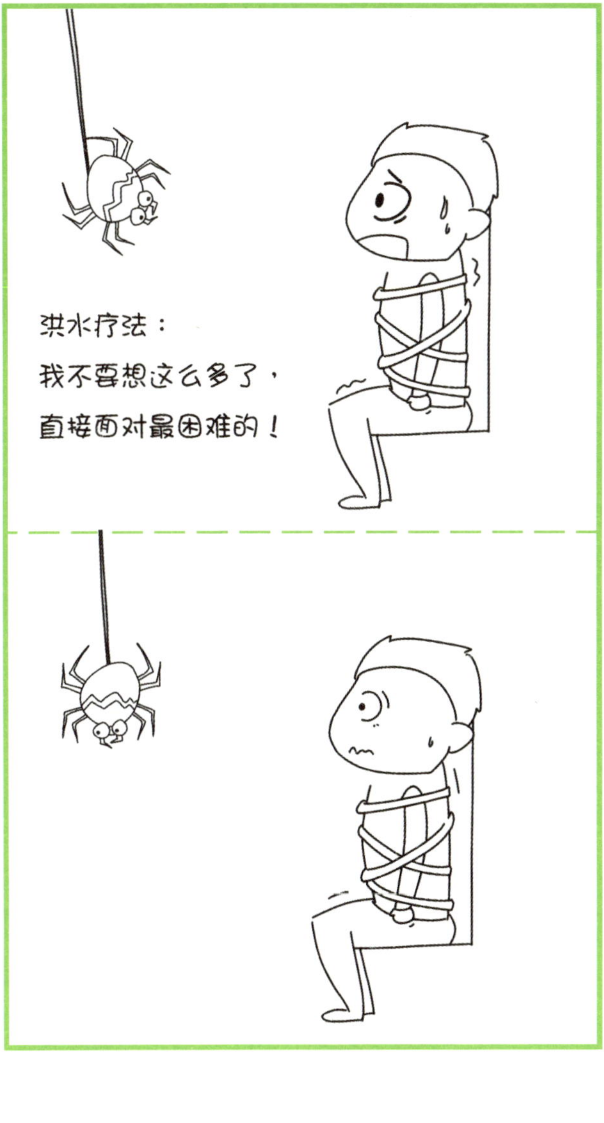
洪水疗法：
我不要想这么多了，
直接面对最困难的！

现蜘蛛没有攻击自己，一个小时后，看看蜘蛛也累了，自己慢慢就不会紧张了。

洪水疗法建立在这样的假设上：逃避只会加重畏惧；强迫去面对畏惧的情境，就能改变已经受到制约的逃避反应，因此改善了焦虑。所以如果提前终止暴露，等同于又一次的逃避反应。这个疗法对于“特定对象畏惧症”最有效。

认知行为治疗（Cognitive behavioral therapy）——认知重建+行为暴露法

“认知行为治疗”是结合“认知治疗”与“行为治疗”的精神，也就是通过认知治疗，找出认知模式与自动化的思考模式，进行认知重建，并找出替代性想法；同时运用暴露法，以新的行为方式去面对焦虑源。疗程通常约 6 周至 24 周。

认知行为治疗就是改变认知、改变行为，然后不要再害怕、逃避，以达到最终改善我们情绪的目的。记得要做功课、写日记、帮自己打分数，才知道有没有进步。

后　记

做情绪的主人

困扰我们的不是那些事情，而是我们对那些事情的想象。

——古罗马哲学家爱比泰德斯

哲学家的话直指焦虑的核心。社交焦虑症的患者烦恼被人看见自己举止笨拙，而回避各种社交场合。惧旷症的患者担心万一身体出了状况没有人援助，而不敢去空旷的地方。古有明训：天下本无事，庸人自扰之。不只是焦虑症的患者，我们也常常因为想象超过现实太多，而去担无谓的心。

同样地，这个世界的模样取决于我们用什么方式看

待它。所谓“山不转路转，路不转人转”，“人转”指的就是心境上的转变。当觉得世界是如何不公平、如何亏待自己时，愤怒过后随之而来的是深沉的无力和绝望，世界不可能为自己改变。正如曾在集中营度过无数艰苦日子的荷兰传教士彭柯丽（Corrie ten Boom）所言：“忧虑并无法排除明天的伤痛，但它却耗竭今天的力量。”改以乐观积极的态度来看待困境，不只是紧绷的情绪可以获得纾解，身心的放松更能带来力量，让我们有办法解决困难，甚至改变环境。

现代人承受的压力与日俱增，焦虑是每个人每天都会体验到的情绪。适当的焦虑能帮助我们更好地面对压力，过度的焦虑反而成为苦痛的来源；过与不过存乎一心。本书介绍的方法能帮助自己辨识焦虑、放松纾压，并改变焦虑的思考模式。当受苦于特别的焦虑症，或是有自律神经失调的困扰时，精神医疗能协助克服焦虑，重新为生活注入正面的能量。

放轻松，不焦虑。我们都可以做自己情绪的主人。

图书在版编目（CIP）数据

请停止过度焦虑 / 林奕廷著 . —北京：中国工人出版社，2018.6
ISBN 978-7-5008-7008-1
Ⅰ . ①请⋯ Ⅱ . ①林⋯ Ⅲ . ①焦虑—心理调节 Ⅳ . ① B842.6
中国版本图书馆CIP数据核字（2018）第124643号

著作权合同登记号 图字：01-2017-6030
中文简体版 2018 年由中国工人出版出版。
本书由心灵工坊文化事业股份有限公司正式授权，同意经由 Ca-Link International LLC 代理，由中国工人出版社出版中文简体字版本。非经书面同意，不得以任何形式任意重制、转载。

请停止过度焦虑

出 版 人 芮宗金
责任编辑 杨博惠
责任校对 董春娜
责任印制 黄 丽
出版发行 中国工人出版社
地 址 北京市东城区鼓楼外大街45号 邮编：100120
网 址 http://www.wp-china.com
电 话 （010）62005043（总编室）
（010）62005039（出版物流部）
（010）62379038（社科文艺分社）
发行热线 （010）62005049 （010）62005042（传真）
经 销 各地书店
印 刷 三河市文通印刷包装有限公司
开 本 880毫米×1230毫米 1/32
印 张 6.125
字 数 89千字
版 次 2018年9月第1版 2019年1月第2次印刷
定 价 38.00元

本书如有破损、缺页、装订错误，请与本社出版物流部联系更换